元素

1	2	3	4	5	6	7	8	9
1 H 水素								
3 Li リチウム	4 Be ベリリウム							
11 Na ナトリウム	12 Mg マグネシウム							
19 K カリウム	20 Ca カルシウム	21 Sc スカンジウム	22 Ti チタン	23 V バナジウム	24 Cr クロム	25 Mn マンガン	26 Fe 鉄	2 C コバ
37 Rb ルビジウム	38 Sr ストロンチウム	39 Y イットリウム	40 Zr ジルコニウム	41 Nb ニオブ	42 Mo モリブデン	43 Tc テクネチウム	44 Ru ルテニウム	4 R ロジ
55 Cs セシウム	56 Ba バリウム	57-71 *	72 Hf ハフニウム	73 Ta タンタル	74 W タングステン	75 Re レニウム	76 Os オスミウム	7 I イリジ
87 Fr フランシウム	88 Ra ラジウム	89-103 **	104 Rf ラザホージウム	105 Db ドブニウム	106 Sg シーボーギウム	107 Bh ボーリウム	108 Hs ハッシウム	10 M マイトネ

* ランタノイド	57 La ランタン	58 Ce セリウム	59 Pr プラセオジム	60 Nd ネオジム	61 Pm プロメチウム	62 Sm サマリウム	63 Eu ユーロピウム	6 G ガドリ
** アクチノイド	89 Ac アクチニウム	90 Th トリウム	91 Pa プロトアクチニウム	92 U ウラン	93 Np ネプツニウム	94 Pu プルトニウム	95 Am アメリシウム	9 C キュリ

青木和光 著

物質の宇宙史

ビッグバンから太陽系まで

新日本出版社

◀口絵１　リング星雲（距離2600光年）。惑星状星雲とよばれる、軽い星の終末期の姿（第３章）。
提供：国立天文台（すばる望遠鏡）

▶口絵２　大マゼラン雲に出現した超新星 SN1987A（第３章）。
提供：NASA（ハッブル宇宙望遠鏡）

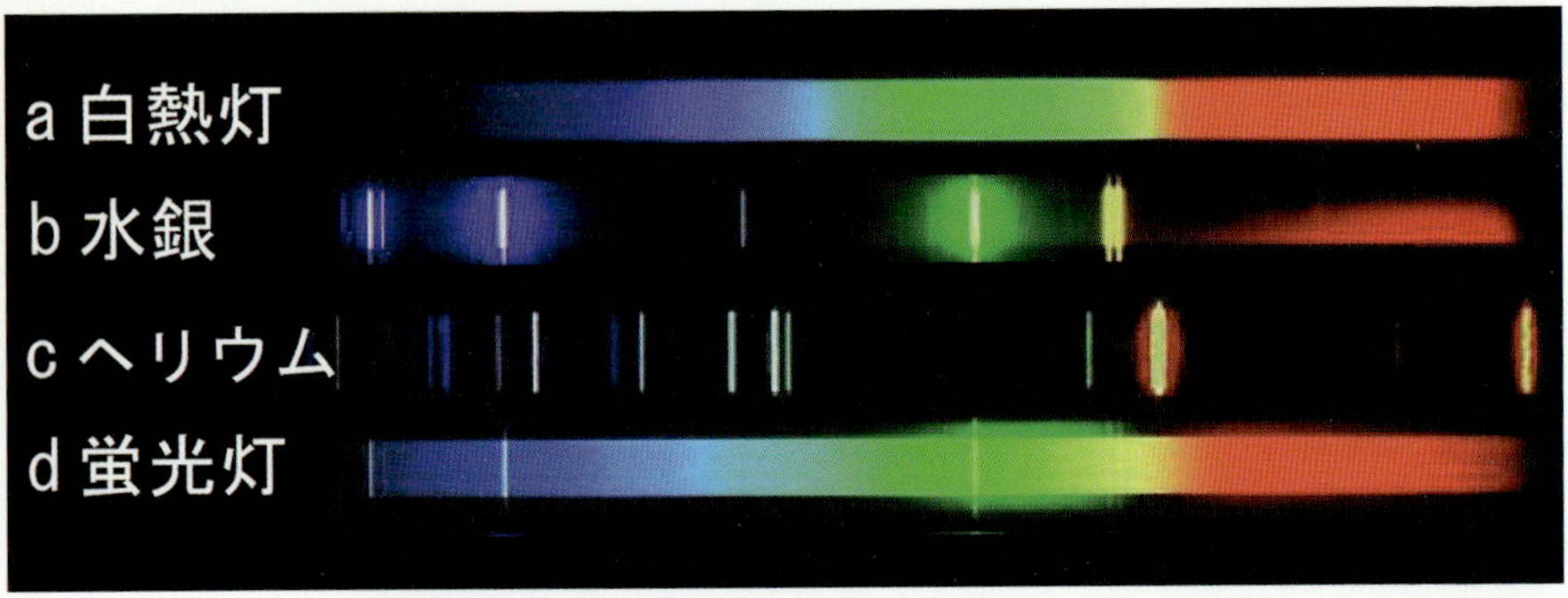

▲口絵３　いろいろな光源のスペクトル（第５章）。
「宇宙スペクトル博物館」（文献⑨）より

▶口絵４　ヒクソン・コンパクト銀河群40（距離約３億光年）。渦巻銀河や楕円銀河がひしめいている（第７章）。
提供：国立天文台（すばる望遠鏡）

目次

第1章　宇宙史のなかの地球……9

私たちの体と地球の組成　10
太陽系の組成――宇宙の歴史の到達点　13
宇宙における元素の合成　15
大きな世界と小さな世界　18
地球と太陽系の姿　19
恒星と銀河　21
銀河と宇宙の構造　22
原子と原子核　23
原子核の構造と核反応　28

素粒子の世界　30
宇宙と原子核　31
〔コラム①〕天体までの距離の測定　32

第2章　ビッグバンと元素合成……35

二〇世紀における宇宙観の変貌　36
火の玉宇宙論（ビッグバン理論）の登場　38
物質世界の始まり　39
宇宙における物質進化の枠組み　41
ビッグバンでつくられた水素とヘリウム　42
ビッグバンでどこまで元素はつくられたのか　45
〔コラム②〕宇宙背景放射と宇宙論　48
〔コラム③〕暗黒物質と暗黒エネルギー　50

第3章　星のなかでの元素合成……………………53

ビッグバン後の宇宙　54
太陽のなかでの核反応　55
星の質量とその一生　59
超新星爆発　61
超新星と元素合成　63
軽い星の進化　65
軽い星における元素合成　68
連星の場合　70
星による元素合成：まとめ　71
〔コラム④〕恒星になれなかった天体・褐色矮星　74
〔コラム⑤〕赤色巨星への進化　76
〔コラム⑥〕進化終末期の星　78

第4章　鉄より重い元素の合成……81

重元素合成の難しさ　83
重元素の合成：中性子捕獲反応　85
中性子の魔法数と太陽系組成　88
爆発的元素合成　90
進化の進んだ中質量星での反応　93
爆発的な重元素合成はどこで起こっているのか？　97
重い元素の起源　98
〈コラム⑦〉放射性同位体を用いた星の年齢測定　102
〈コラム⑧〉超重元素の探索　104

第5章　星における元素組成の観測……107

星からの光の分光分析　108

スペクトルから何がわかるか　110
星の温度とスペクトル　113
スペクトルから組成を調べる　116
星の大気の組成から元素合成の歴史に迫る　119
一つひとつの元素合成の過程を調べる　122
銀河の進化のなかで　127
巨大望遠鏡と分光観測　130
〈コラム⑨〉同位体組成の測定　132
〈コラム⑩〉すばる望遠鏡での観測　134

第6章　宇宙の第一世代星に迫る……137

宇宙の暗黒時代　138
最も遠くの銀河を探す　139
第一世代星の生き残りを探す　140
初期宇宙に生まれた星々を探す　141

分解能の高いスペクトルの解析 146
第一世代の星は生き残っているか？ 147
第一世代の大質量星・超新星の元素合成 151
超新星爆発とブラックホール形成 152
超新星爆発の多様性 154

第7章 銀河の進化のなかで …… 157

銀河の種 159
銀河の衝突と合体 160
天の川銀河の構造 165
星の観測から銀河進化をさぐる 169
銀河ハローの形成をさぐる 172
矮小銀河と銀河ハロー 175
銀河史のなかの太陽系 178

第8章　物質進化と惑星……181

惑星をみつけることの難しさ　182
惑星に揺さぶられる恒星　183
惑星系の発見　184
惑星系の多様性　187
惑星を持つ星の特徴　188
どうして惑星を持つ星の重元素組成が高いのか　192
宇宙史のなかに生きる人類　198
〈コラム⑪〉隕石に刻まれた元素合成の歴史　200
参考文献　203

第１章　宇宙史のなかの地球

私たちの体と地球の組成

私たちの身のまわりのものを細かく分けていくと、やがて原子という、物質の基本単位に到達します。りんごを二つに割る作業を九〇回ほど繰り返すと、物質の基本単位――原子にまで分けられます。原子には約九〇種類あって、それらは元素とよばれています。水素や酸素、鉄などは、元素の名前です。

私たちが手にし、肌で触れるものの多くは、原子が結合してできる分子になっています。たとえば、酸素といえば酸素原子が二つ結合した分子ですし、水は酸素原子一個と水素原子二個が結合した分子です。分子は比較的容易に分解したり、新たに合成されたりします。これに対し、通常は原子をそれ以上に分割したり、新たな元素をつくり出したりするのは容易ではありません。その意味で原子（元素）を物質の基本単位と考えることができます。

では、私たちの体は、どのような元素から構成されているのでしょうか？　図1-1には、私たちの体を構成する元素の重量比を示しました。これをみると、酸素が、他をひきはなして多いことがわかります。二番目に多い炭素に続いて、三番目に多いのが水素です。私たちの体は、大部分が水（H_2O）であることを考えると、これはもっともな話です（重量比ではなく

図1－1　人体の組成（重量比）

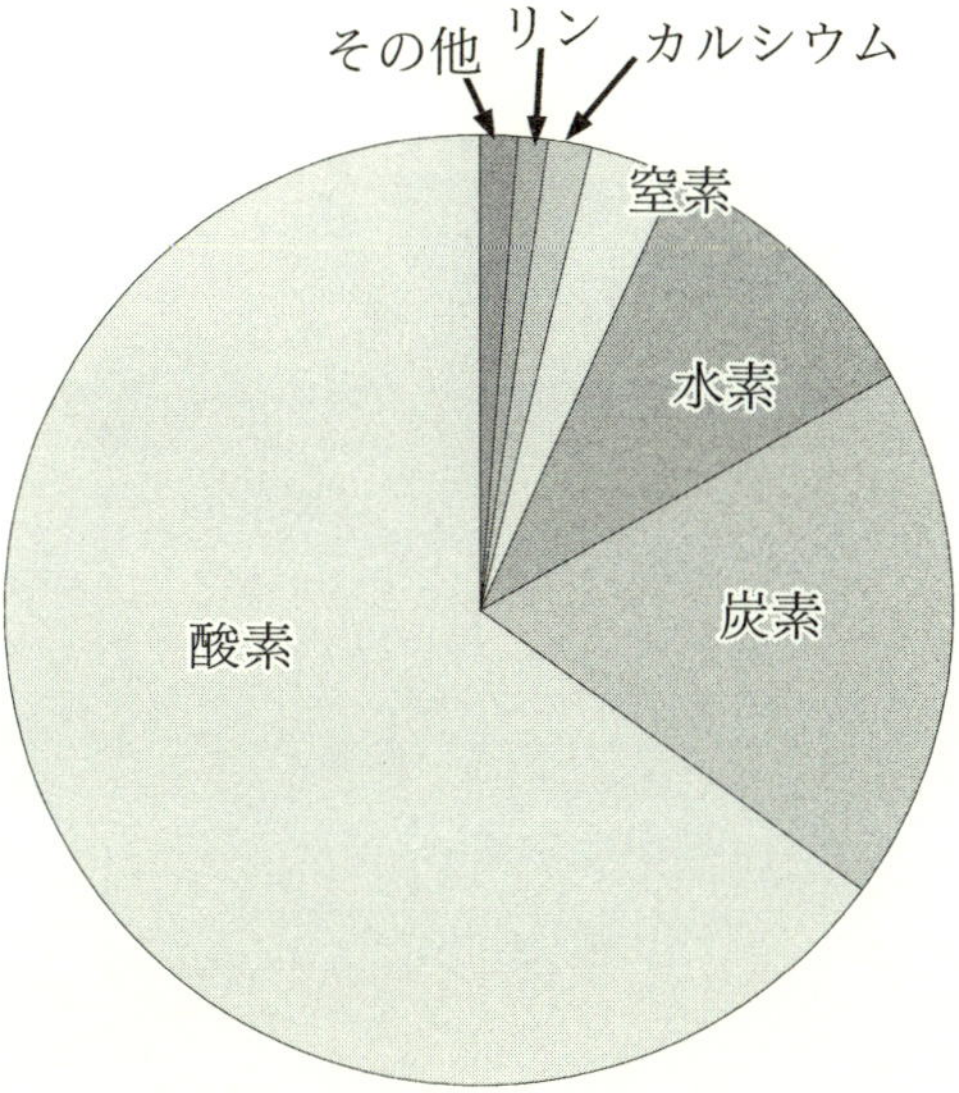

原子の個数比でみると、水素が一番多くなります。酸素原子は水素原子に比べて一六倍も重いため、重量比にするとトップになるのです）。

つぎに、地球の表面（地殻）を構成する元素の重量比をみてみると、図1-2のようになります。ここでも酸素が一番多いのですが、それに続いてケイ素やアルミニウム、鉄など、鉱物を構成する元素が多いことがわかります。私たちの体は、いうまでもなく、地殻と海水中の物質から、生命活動に適した物質を選んでつくられています。それに加えて、生活のために、地中の鉱物をせっせと掘り返して利用しているわけです。

図１－２　地殻の組成（重量比）

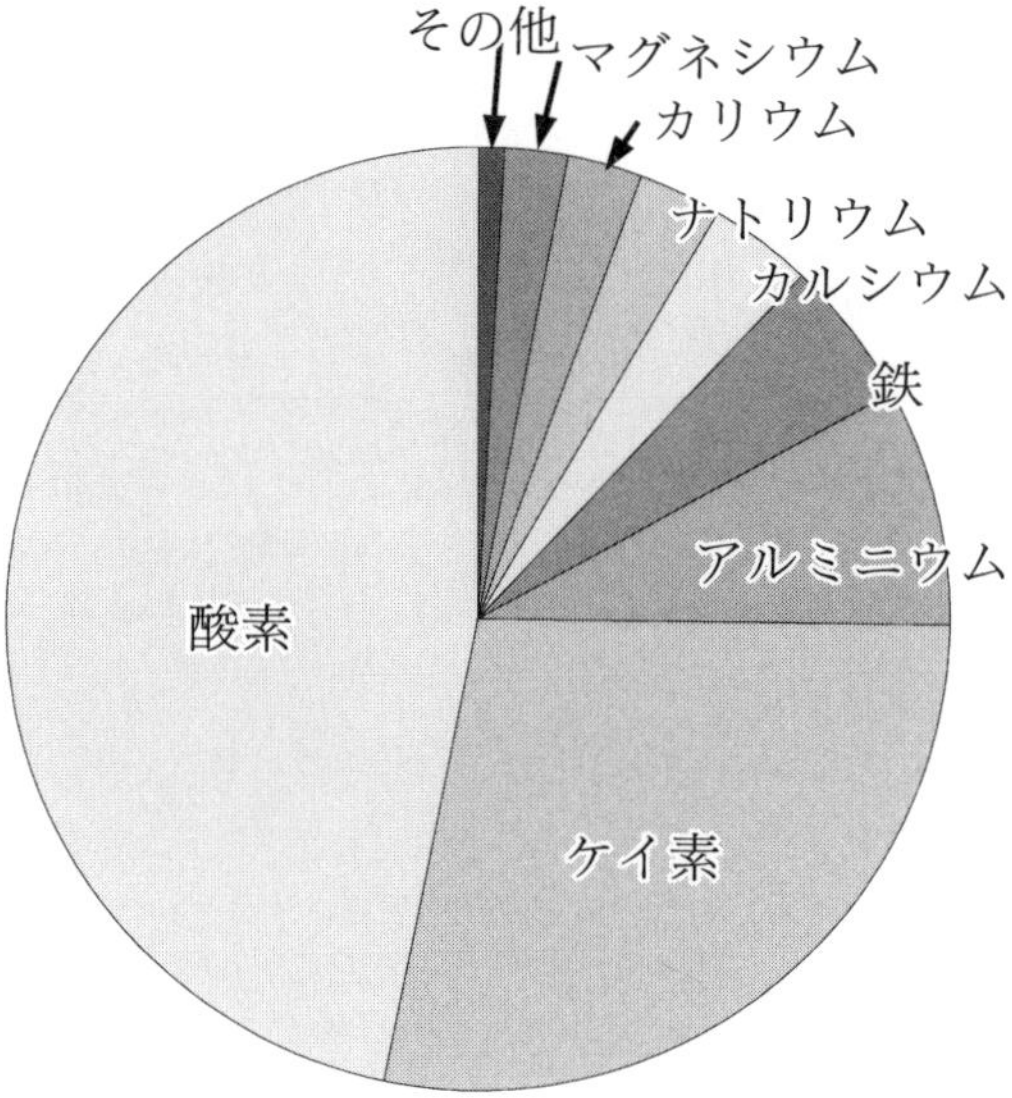

最初に紹介したように、自然界には約九〇種類の元素が存在し、それらの組み合わせで物質世界は構成されています。これだけの種類の元素があるからこそ、地球上には多様な物質が存在しているのです。地球上では、元素どうしの組み合わせを変える化学反応は頻繁に起きていますが、元素の合成や分解は、ごく一部の元素を除いて起こりません。したがって、地球全体の元素組成はあまり変化しません。

しかし、地球といえども、永遠の昔から存在していたわけではありません。地球もやはり、宇宙をただよう星間ガスから、太陽とともに生まれてきたものなのです。それは今から四六億年ほど前のことです。

太陽系をつくる材料となった星間ガスも、永遠の昔から存在していたわけではありません。もとをたどれば、私たちを取り囲む物質世界は、宇宙のなかでどのように物質（元素）がつくられ、太陽系・地球が生まれてきたのか、という歴史によって決まっているのです。

本書では、「宇宙の歴史のなかで、私たちはどういう位置にいるのか」という問題を、物質進化という観点から考えてみたいと思います。

太陽系の組成——宇宙の歴史の到達点

身のまわりの世界から少し視野を広げて、太陽系の組成を考えてみましょう。太陽系は、今から約四六億年前に、銀河系内を漂っていたガスと塵《ちり》（固体粒子）が集まって生まれたと考えられています。現在の太陽の表面は、最も軽い水素から鉄や鉛など重い元素まで、太陽系が生まれた当初の組成をほぼ保持していると考えられています（太陽の内部では、第3章で解説するように、水素の核融合反応によって組成がだんだん変化してきています。しかし、その結果はまだ太陽表面には現れていません）。

第5章で詳しく説明しますが、太陽や星の表面の組成は、星の光のスペクトル解析によって調べることができます。そのほか、太陽系を構成している重元素の組成比は、太陽系初期につくられた隕石の分析からも詳しく調べることができます。

図1-3にはこうして調べられた太陽系の組成の重量比を示しました。このグラフの縦軸は、一目盛が十倍のスケール（対数スケール）になっていることに注意してみてもらうと、左端にある水素とヘリウムが圧倒的に多いことがわかります。そのほかの元素をすべて足しても、わずかに約二％にしかなりません（原子の個数比では約〇・一％でしかありません）。この図を円グラフで描かなかったのは、円グラフにしてしまうと水素とヘリウムしかみえなくなってしまうからです。地球上で水素とヘリウムがそれほど多くないのは、太陽系が生まれる際に、地球のような岩石型の惑星（水星、金星、火星）からは、水素やヘリウムなどのガスが逃げてしまったためです。それ以外の元素では、やはり酸素や炭素、窒素、鉄、ケイ素など、私たちになじみのある元素が多いという特徴があります。

太陽は、私たちにとってはかけがえのない星ですが、宇宙のなかではごくありふれた星のひとつです。したがって、宇宙の物質進化の全体像を解明する上でも、太陽系の組成がどのようにできてきたのか理解することは、きわめて重要な課題といえます。

図１－３　太陽系の組成（重量比）

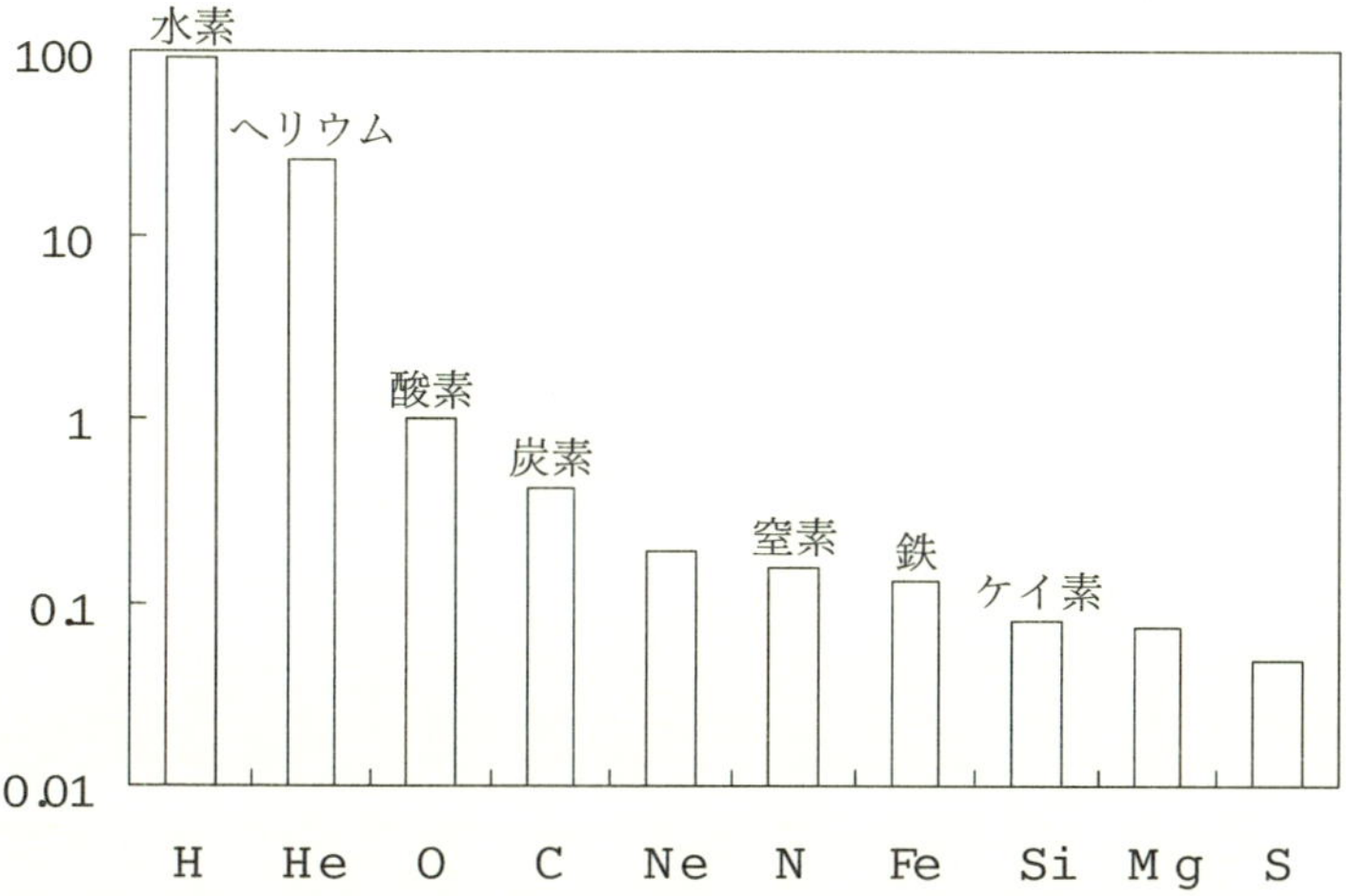

宇宙における元素の合成

本書であつかう「物質進化」とは、自然界に存在する約九〇種類の元素が、どのように宇宙のなかで合成されてきたのか、それが宇宙のなかでの天体現象とどう関係しているのか、という問題です。

広い意味では、物質進化というと、原子が結びついた分子や固体粒子などが、どのように宇宙のなかでつくられてきて、地球を含めた太陽系がどのように形成されたのか、という問題を含みます。例えば、地上に降ってくる隕石のなかには、太陽系が生まれる前にどこかの星から放出された塵（固体粒子）をそのまま含んでいるとみられるものもあります。これらを調べると、星からどうやって物質が放出されたのか、それらが太陽系形成の際にどのような変成を受けたのか、というような問題を解くのに重要なヒントが得られます（コラム⑪二〇〇ページ参照）。しかし、本書では元素のレベルに限って話を進めます。

さて、元素の起源が真剣に検討されるようになるには、宇宙がビッグバンとよばれる大爆発からスタートしたと考えられ始めたことが大きな契機となりました。これは二〇世紀中ごろのことです。ビッグバンの直後から、現在の太陽系にみられるような多様な元素が存在していたのだろうか？　それとも、元素はその後の宇宙の進化のなかで合成され、多様になってきたのだろうか？　こういった問題意識が持たれるようになったのです。

その後の研究の結果、現在みられる多様な元素の大半は、太陽のような恒星のなかでの核融合反応によってつくられ、宇宙のなかで蓄積されてきたことがわかりました。これは、私たちを構成する物質のルーツを知る上で画期的な進歩といえるでしょう。

二〇世紀後半から現在に至るまで、宇宙における物質進化は、天文学にとっても重要なテーマのひとつとして探求されてきました。その蓄積の結果として、今日では、その全体像に迫るまでに私たちの理解は進んできました。本書では、最近の研究成果を含めて、宇宙における元素合成について紹介していきたいと思います。

まず、本書の前半では、ビッグバン以降の宇宙における元素合成について説明します。数ある元素のなかでも、最も軽い二つの元素（水素とヘリウム）の大半は、ビッグバンの際に合成されました（第2章）。それ以外の元素はほとんどすべて、太陽のような恒星のなかでつくり出されてきました。そのため、元素合成の歴史を知ることは、星の一生についてきちんと理解することと切っても切り離せません。

第3章では、質量の大きな星が一生の終わりに起こす超新星爆発など、星の進化と元素合成について説明します。元素のなかでも、特に重いもの（金や鉛など）が合成されるプロセスは、それ以外の元素とはかなり様相が異なります。これについては第4章で少し詳しく解説します。こういった星の一生や元素の合成過程を知る上では、現在私たちが目にすることのできる恒星の表面の組成を詳しく知ることが欠かせません。天文学者がいかにして恒星の元素組成を調べているのか、第5章で簡単に説明します。

本書の後半では、最近の興味深い研究結果についてご紹介します。ひとつは、宇宙で最初に誕生した星と、その星による元素合成についてです（第6章）。その後の星における元素合成の結果が宇宙に蓄積される過程は、星の大集団である銀河の形成・進化と深く関係しています。

第7章では、私たちの銀河系の形成と物質進化との関連について紹介します。

さらに、私たちは地球という惑星の上に暮らしているわけですが、惑星の存在と星の組成との間に興味深い関係も見出されています（第8章）。物質進化という観点から宇宙を眺めてみると、ひとつの一貫した宇宙像を持つことができるかもしれません。

大きな世界と小さな世界

さっそく、宇宙における元素の合成について説明したいところですが、その前に、宇宙と原子の構造について、おおまかにイメージを持っておいてもらいたいと思います。

宇宙は私たちからみると非常に大きなスケールのものです。逆に原子は非常に小さなものです。小さなスケールの世界を理解することによって初めて大きなスケールの世界も理解することができる、というのがおもしろいところです。ただ、いずれも日常なじみのないスケールの話ですので、それぞれがどのような大きさの話をしているのか、図1-4をみながら注意して読んでもらいたいと思います。

まずは、大きいほうの世界、宇宙についてです。

図1－4　天体と原子・原子核の典型的なスケール

	大きさの目安（メートル）	（その他の単位）
銀河団	10^{23}	1000万光年
銀河系	10^{21}	10万光年
近くの星	10^{17}	10光年
太陽系	10^{13}	100天文単位
恒星（太陽）	10^{9}	100万キロメートル
惑星（地球）	10^{7}	1万キロメートル
人間	1	
原子	10^{-10}	0.1ナノメートル
原子核	10^{-15}	

地球と太陽系の姿

古くは、人類はごく限られた身近な世界しか知ることができませんでした。近くをみている限り、地面は平らにみえます。そのことから、世界は平らな地面と天からできていて、地面はどこかで終わっていると考えられたこともありました。

その後、私たちが住んでいるのは丸い物体（地球）であるということ、日常的にみているのはそのごく一部でしかないことが理解されるようになりました。月食のときに月に写る影から地球は丸いことを認識したといわれています。地球の大きさも紀元前三世紀に測定が試みられました。現在の測定では、地球の半径は約六四〇〇キロメートルであることがわかっていますが、これと大きく違わない値が当時すでに得られていたといいます。

この地球が宇宙の中心ではなく、太陽のまわりをまわっている存在であること（地動説）が確認されたのは、今からわずか四〇〇年たらず前のことです。それ以前から地動説には長い伝統がありましたが、惑星の観測事実の積み重ねによって初めてその正しさが証明されるに至りました。その過程では、ガリレオ・ガリレイが裁判で地動説の放棄を迫られたように、地動説に対しては強い抵抗がありました。地球が宇宙の中心ではないという、この事実の承認は世界観の大きな変革を迫るものだったのです。

地球に代わって宇宙の中心に据えられたのは太陽です。太陽は、水星から冥王星まで、九個の惑星と無数の小惑星をひきつれていて、全体を太陽系とよびます。太陽から地球までの距離は約一億五〇〇〇万キロメートルで、この距離は「天文単位」とよばれます。太陽の半径は約七〇万キロメートル、地球の半径が約六四〇〇キロメートルですから、それらに比べるとその間の距離がいかに長いかわかります。ここにイラストで太陽と地球の位置関係を示したいところですが、太陽―地球間を一五センチメートルにとると、太陽は〇・〇七ミリメートル、地球はそのさらに一〇〇分の一になってしまい、とても描くことができません。

太陽から冥王星までの距離は約四〇天文単位あり、その外側にも小惑星が存在することが確認されています。光の速さは秒速三〇万キロメートルですので、太陽の光が冥王星に達するまでには五時間あまりかかります。

恒星と銀河

太陽系のなかでは太陽はまぎれもなく大親分ですが、太陽とて宇宙のなかの特別の存在ではありません。夜空に輝く一つひとつの星が、すべて太陽のように自ら輝く星（恒星）です。太陽は、そのなかのごく平凡なひとつの星にすぎません。太陽に最も近い星は、ケンタウルス座のα星（正確にいうとその伴星）で、約四〇兆キロメートルの距離にあります。これは、太陽から冥王星までの距離の約七〇〇〇倍にもなります。これだけの距離になると、もはや「天文単位」では単位が小さすぎるので、光が一年間に達することができる距離、「光年」が単位として使われます。この単位を用いると、太陽から最も近い星までの距離は約四・三光年ということになります。

さて、恒星は宇宙のなかで均一に存在しているわけではありません。夜空に私たちが肉眼でみることができる星々は皆、数千億個の恒星の大集団である「天の川銀河」（銀河系）に属しています。もちろん、太陽もその一員です。銀河系は、よく知られているように、渦巻き状の平べったい円盤構造を持っています。私たちはそのなかにいますので、円盤の方向にはたくさんの星がみえますし、逆に円盤と垂直方向にみえる星の数は少なくなります。よく晴れた夏の夜空にみえる天の川は、円盤の中心方向に存在する無数の星からなっています。

銀河系の円盤部のさしわたしはざっと一〇万光年あり、太陽系はその中心から約三万光年の距離にあります（第7章参照）。

数千億個の星の集団である銀河系とて、宇宙のすべてではありません。秋の夜空にみることができる「アンドロメダ星雲」は、オリオン星雲やリング星雲（口絵1）とは違って、銀河系から遠く離れた、別の星の大集団（銀河）であることが、二〇世紀になって確認されました。「星雲」というよりも、「アンドロメダ銀河」とよんだほうが適切です。その距離は約二五〇万光年で、私たちの銀河系と同じくらいの大きさを持った渦巻き銀河です。遠くから眺めれば、私たちの銀河系とアンドロメダ銀河は、仲良く対になってみえることでしょう。

銀河と宇宙の構造

私たちの銀河系やアンドロメダ銀河は、それぞれ数千億個の恒星から構成されていますが、実はこのような銀河が、宇宙全体ではまた数千億個あるとみられています。しかもその銀河もまた、宇宙のなかで均一に分布しているのではなく、銀河の集団（銀河団）をなしているものもあります。そして宇宙全体としては、銀河の集中している領域と、ほとんど銀河のない領域があることがわかってきています。これは「宇宙の大規模構造」とよばれ、宇宙を形づくる最大の構造と考えられています。

このように、私たちが宇宙を考える際には、①太陽系、②銀河、③銀河団、④大規模構造、というように、いくつかの階層構造をつくっていることを頭にいれておく必要があります。本書では、第2章でビッグバンの際の元素合成に触れますが、それ以外は私たちの銀河系とその周辺のみを扱います。

原子と原子核

一方、私たちを構成する、小さな構造のほうに目をむけてみましょう。

私たちの体は、主にたんぱく質でできているといわれます。たんぱく質をつくっているのは、炭素や酸素、窒素などの原子です。現代の日本人はカルシウムや鉄の摂取が不足しがちだ、ななどといわれますが、カルシウムも鉄も原子の種類です。

　この章の冒頭で、「りんごを二つに分ける作業を九〇回ほど繰り返すと、原子に到達する」と述べました。この作業によって、りんごの体積は二の九〇乗分の一に、直径では二の三〇乗分の一、すなわち一〇億分の一くらいになります。りんごの直径は一〇センチメートルくらいですから、その一〇億分の一は、一〇〇〇万分の一ミリメートル（〇・一ナノメートル）くらいになります。これが原子のサイズです。りんごを構成するのはやはり炭素や酸素、水素などですが、そのサイズは元素によってそれほど変わりありません。

　このように物質の単位になっているのは原子です。原子の種類には九〇余りの種類（元素）があります。こんなに種類があったのでは、本当の意味での基本単位とよべないのではないか、という疑問が生じるのも当然です。そこで、元素の種類分けが進められました。まず、元素は最も軽い水素から最も重いウランまで、さまざまな重さのものがあります。また、どのような化学反応を起こすか、という特徴（化学的な性質）によって、グループ分けされました。これをまとめたのが、元素の周期表（見返し参照）です。

　周期表の左から右、そして上から下に向かって、軽い順に元素がならべられています。同じ縦の列に入っている元素は、似たような化学的な性質を持っています。元素を軽いほうからみていった場合に、周期的に似た性質を持つ元素が現れることから、この表を周期表とよぶのです。

このような周期律が現れるのは、原子が分割不可能な基本単位ではなく、そのなかに構造を持っていることを示しています。

実際、二〇世紀初頭には、原子のなかの構造の研究が急速に進みました。実験の結果、原子のなかにはものが一様に詰まっているのではなく、ごく中心部にほとんどの質量を担う核が存在することがわかりました。これを原子核とよびます。原子の大きさは一ミリメートルの一〇〇〇万分の一程度ですが、原子核の大きさはそのまた一〇万分の一程度しかありません。図１-５は、原子の構造を模式的に表したものです。もちろん、実際には、原子に対する原子核はここに描けないほど小さなものです。

原子核は、電気的にはプラスの性質（プラスの電荷）を持ちます。そのまわりを、マイナスの電荷を持つ電子がとりまいています。原子の性質は、電子が何個含まれているのかによって決められます。もっとも単純なのは水素原子で、電子は一個だけです。二番目の元素・ヘリウムは二個の電子、三番目の元素・リチウムは三個の電子を持ちます。つまり、周期表に書かれている元素の「原子番号」は、原子の持つ電子の数に対応します（電子の個数は、原子全体が電気的に中性になるように決まっているので、原子核の持つプラス電荷の数が原子番号になっていると言ったほうがより正確です）。

電子は、いまのところそれ以上分割することのできない（内部に構造を持たない）基本粒子だと考えられています（こういう粒子を素粒子とよびます）。一方、原子核には構造があり、陽子と中性子とよばれる粒子から構成されています（図1-5）。どちらもほぼ同じくらいの重さを持つ粒子ですが、原子核の電荷を担っているのは陽子のほうです（プラス＝陽電荷を持っている粒子なので陽子とよばれます。中性子とは、電気的に中性であることからそうよばれています）。

したがって、原子核中の陽子の個数によって元素の種類が決まります。水素原子なら陽子一個、ヘリウム原子なら二個、リチウム原子なら三個、という具合です。

このように、小さな世界にも階層構造が存在します。簡単に整理しておくと、以下のようになります。

①私たちを構成する物質の基本的な単位は原子であり、その種類（元素）は約九〇ある。
②原子は、中心部の原子核と、そのまわりをとりまく電子からなる。
③原子核は、陽子と中性子から構成される。陽子の数によって元素の種類が決まる。

元素に周期律が現れるのは、原子核のまわりにただ単に電子が存在しているのではなく、あ

図１－５　原子・原子核の構成（模式図）

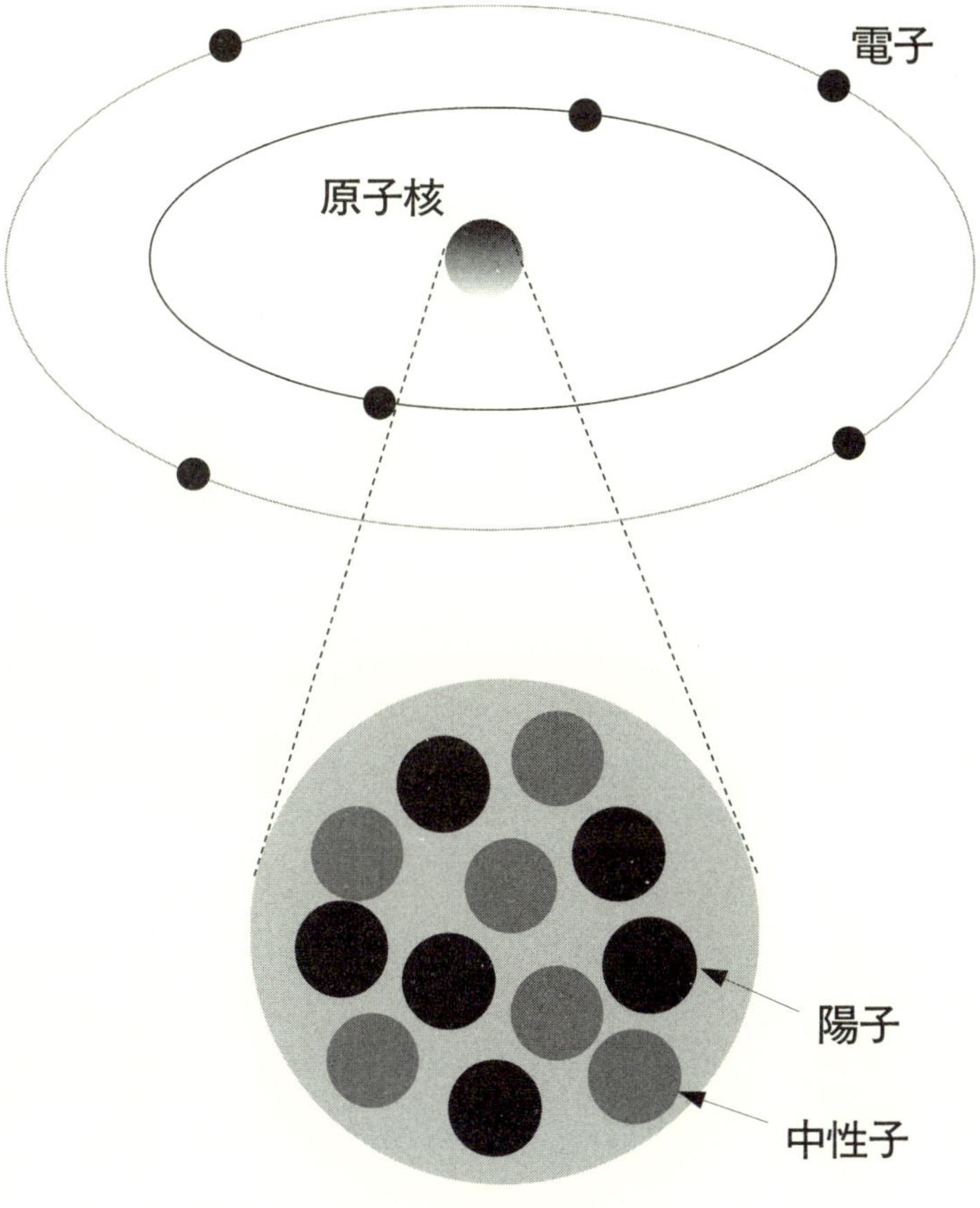

る構造を持って規則的に存在していることを意味しています。イメージとしては、太陽のまわりをまわる惑星のように、電子がある軌道を持っていると考えるとよいかもしれません。どの軌道に何個の電子がまわっているのか、によって原子の化学的な性質が決まるのです。

なお、元素の種類は陽子の数で決まっていると先ほど述べましたが、同じ元素でも中性子の数が異なるものがある場合があります。これらは同位体とよばれます。私たちの身のまわりの炭素の原子核は、そのほとんどが陽子六個、中性子六個からなっています（^{12}C）。しかし、約一パーセントほどの炭素は、中性子を七個含んだ、少し重い炭素（^{13}C）です。

原子核の構造と核反応

原子核は陽子と中性子から構成されていますが、その構造については、現在も活発に研究が続けられています。原子の場合には、まん中に小さな小さな原子核が存在していますが、原子核の場合には、大雑把にいうと陽子と中性子が詰まった状態であると考えることができます。しかし、原子核を重さの順に調べていくと、元素の周期律にみられたような、ある周期的な特徴がみえてきます（詳しくは第4章を参照）。これは、原子核のなかで、陽子や中性子があたかも軌道運動のような振る舞いをしていることを示しています。最近でも、原子核についてはいろいろとおもしろい振る舞いがみつかっており、それらの統一的な理解をめざして研究が行われています。

さて、原子の性質を決めているのは、原子核の電荷、つまり含まれる陽子の数です。原子核のなかの陽子の数を増やしたり減らしたりすれば、新しい元素をつくることができます。これを原子核反応、もしくは単に核反応とよびます。原子核反応は地上では通常起こりません。例外は、いくつかの不安定な原子核の分裂と、実験室や原子炉内での反応です。

大きな原子核が壊れて小さな原子核に分かれる反応を、「核分裂」とよびます。現在の原子力発電で通常利用されているのは、ウラン（陽子と中性子あわせて二三五個からなる原子核）が二つの原子核（バリウムとクリプトンなど）に分裂する反応です（その際に合計の質量が少し小さくなり、その分がエネルギーとして取り出されます）。

一方、複数の軽い原子核から重い原子核をつくり出す反応を「核融合」とよびます。太陽の中心部で起こっている原子核反応は、水素の原子核からヘリウムの原子核をつくり出す核融合反応です（この際にも、反応後の原子核の質量が全体として少し小さくなるため、その分がエネルギーとして取り出されるのです）。

このように、原子核反応によって、新しい元素をつくる（元素の種類を変える）ことが可能になります。大昔から、高価な元素である金をつくり出そうと、いわゆる錬金術師が苦労を重ねてきました。しかし、かれらの行っていたのは、せいぜい原子のなかの電子の状態を変える化学的な反応でした。二〇世紀になって、原子核の構造を操作できるようになって初めて、人類は元素の種類を変えたり、天然に存在していないような元素をつくったりすることができるようになったのです。

素粒子の世界

先ほど述べたように、原子は原子核と電子からなり、電子は今のところ、それ以上分割することができない素粒子だと考えられています。一方、原子核を構成している陽子や中性子は、さらに構造を持っていて、より基本的な粒子「クォーク」からなることが、二〇世紀後半になって明らかにされました。

さらに、クォークにも実は種類があること、素粒子には電子、クォークの他にもいくつかの粒子があることがわかっています。より基本的な物質の単位の探求は今も続けられているのです。本書で扱うのは原子核の反応についてですので、素粒子の世界の話はこのくらいで終わりにします。

宇宙と原子核

原子核反応は、地上ではごく例外的なものしか起こっていません。しかし、太陽のような星のなかでは、地上では起こらない原子核反応が活発に起こっています。これは星の中心部では、想像を絶する高温・高密度の世界が実現しているからです。太陽は比較的小さな星で、中心部の温度・密度も、星のなかではけっして高いほうではありません。それでも中心温度は約一五〇〇万度、中心密度は一立方センチメートルあたり一五〇グラム（比重一五〇）もあります。

この環境のもとで、水素の原子核（普通の水素の原子核は陽子一個だけでできています）四個が融合してヘリウム原子核（陽子二個、中性子二個）を合成します。もっと質量の大きな星では、より重い元素も合成されます。

この核融合反応によるエネルギーの発生、そして新たな元素の合成というプロセスによって、広大なスケールの宇宙と、極微の世界・原子核とが強く結び付けられているのです。まずは、宇宙の進化のなかでどのような原子核反応が起こり、元素が合成されてきたのか、みていくことにしましょう。

【コラム①】

天体までの距離の測定

天体までの距離をいかに正確に測定するか——これは天文学上の大問題です。ここでは三つの代表的な方法を説明します。

①近くの星：三角視差の利用

ひとつの対象を離れた二点から観測すると、二点間の距離とその見込む角度から、対象までの距離を計算できます。地球が太陽のまわりをまわる（公転する）のを利用すると、地球の公転軌道半径の二倍、約三億キロメートル離れた二点から天体をみることができます。この二点から観測した場合のみかけ上の位置の違い（角度）を測定すれば、距離が求まります。遠方の天体はみかけ上の位置がほとんど動きませんので、この方法が使えるのは、比較的近くの天体に限られます。一九九〇年代には専用の観測衛星によって数百光年の天体までの距離が測定されました。

②近くの銀河：変光星の利用

明るさが同じ星でも、距離が遠くなれば暗くみえます。逆に、本来の星の明るさと、みかけ上の明るさがわかれば、その星までの距離を決めることができます。みかけ上の明るさは測定できますので、星の本来の明るさをどうやって求めるかが問題です。

星のなかには、周期的に明るさが変化する（変光する）ものがあり、変光星とよばれています。そのなかで、セファイド型とよばれる種類の変光星は、変光の周期と星本来の明るさ（の平均）との間に非常によい相関があります。比較的近くの銀河については、大望遠鏡を使えば個々のセファイド型変光星を見分けられますので、その変光周期を測定することによって星本来の明るさを求め、ひいてはその属する銀河までの距離を求めることができます。実際、ハッブルが宇宙膨張の発見に到達したのも、この方法でいくつかの銀河までの距離を測定できたからです。最近ではある種の超新星を用いて非常に遠方の天体まで距離を測定することが可能になってきています。

③遠くの銀河：赤方偏移からの変換

報道などで「一二〇億光年彼方の銀河」などと表現されますが、このような遠方の天体の距離を直接測定できるわけではありません。宇宙は全体が膨張していますので、私たちからみると、遠くの天体ほど速く遠ざかっていくようにみえます。つまり、遠ざかる速さ（後退速度）が測定できれば、天体までの距離を決めることができます。遠ざかっていく天体からの光は、波長が引き伸ばされるという性質がありますので、波長の引き伸ばされ具合（赤方偏移とよばれます）を変換して距離として表現します。

数十億光年ともなると、距離の定義も単純ではなくなります。例えば、一二〇億光年彼方の銀河、といっても、私たちがみているのは一二〇億年前の銀河の姿です。宇宙は膨張していますので、光が届くあいだにその間の距離が伸びてしまいます。しかし通常は、一二〇億年前に出た光を観測している場合、その天体までの距離を一二〇億光年と表現します。

お気づきかもしれませんが、以上の方法のうち②と③では、天体までの距離の相対的な値しか決められません。そのため実際には、（これ以外の測定方法も用いながら）近くの天体から順に絶対的な距離を決めて、遠くの天体の測定につないでいくという作業が必要です。

第2章　ビッグバンと元素合成

二〇世紀における宇宙観の変貌

太古より人類は、地球上の世界だけでなく、宇宙がどうなっているのか、と考え続けてきました。平らだと信じていた地面が実は丸い地球の一部だったことを知り、宇宙の中心にあると信じていた地球が、実は太陽のまわりをまわる存在であることを理解してきました。そして太陽も決して特別な存在ではなく、夜空に輝く無数の星と同じ、平凡な存在であることも知りました。その理解の一つひとつが、人々の世界観を揺さぶってきました。

その長い探求の歴史のなかでも、二〇世紀には、私たちの宇宙観は大きな変貌をとげたといえます。一九一六年にアインシュタインによってうちたてられた一般相対性理論は、宇宙そのものが時間的に変化する（膨張もしくは収縮する）存在であることを示しました。アインシュタイン自身は当時、このような変化する宇宙像を好まず、宇宙が無限の過去から永遠に安定でいられるように、自らが発見した宇宙を記述する方程式に手を加えたのでした。

ところが、一九二九年に、当時の世界最大の望遠鏡を用いた観測によって、ハッブルは「遠方の銀河ほど大きな速度で私たちから遠ざかっている（銀河の後退速度は、銀河までの距離に比例する）」という発見をなしとげました。これを「ハッブルの法則」といいます。

この発見の意味するところは、宇宙全体が膨張の過程にあるということです。このイメージをつかむためによく用いられるたとえは、ゴム風船に描いた水玉模様です。膨らませる前に風船に水玉を描いておいたとします。この水玉のひとつに自分がいるとして、風船を膨らませたところを想像してみましょう。隣にみえていた水玉がだんだん遠ざかっていきます。その向こうにみえていた水玉は、もっと早く遠ざかっていくようにみえることでしょう。

ハッブルの法則の発見は、このように、宇宙は永久不変の存在ではなく、今現在も刻々と膨張を続けていることを示しました。これが人類の世界観に与えた影響は実に大きいものです。実際、以下にみるように、この発見の意味を本当に汲みつくすまでには、まだまだ多くの時間を要しました。

なお、誤解のないように述べておくと、宇宙膨張といっしょに私たちの体や、私たちの手にする物差しも大きくなっていくわけではありません。先ほどのゴム風船の例では、水玉模様自体も風船全体の膨張と一緒に拡大していきますが、私たちの宇宙では、銀河やその集団（銀河団）は自分自身の重力によって束縛されていて、宇宙膨張とは直接関係することなく大きさを保っています。

火の玉宇宙論（ビッグバン理論）の登場

宇宙全体が膨張しているとすると、逆に昔の宇宙は小さかったということになります。現在の宇宙は、全体としては非常に密度の低い星間空間でほとんど占められていますが、それが凝縮された宇宙初期には、密度も温度も非常に高い状態だったと考えられます。

この点をつきつめて考えたのが、物理学者ガモフでした。彼らの研究グループは、一九四八年に、膨張宇宙の始まりは高温・高密度の火の玉であったという理論を発表しました。今でいう「ビッグバン宇宙論」の登場です。

現在では広く受け入れられているビッグバン理論ですが、当時は必ずしも評判はよくなかったようです。宇宙膨張までは認める人でも、無限の昔から無限の未来に続く、静かな宇宙（定常宇宙）を捨て難く、宇宙にスタート点を与えるビッグバン理論を受け入れられなかったといいます。

しかし、その後のマイクロ波宇宙背景放射の発見（一九六五年、ペンジアス、ウィルソンによる）などによって、ビッグバン宇宙論はゆるぎないものとなりました。マイクロ波というのは電波の一種で、宇宙全体がこの電波で満たされていることが明らかになったのです。これこそが、火の玉宇宙が発した光の名残だったのです。このように、私たちの宇宙にも明確な始まりがあるということがはっきりしたのは、二〇世紀も後半になってのことでした。

物質世界の始まり

さて、私たちの宇宙がビッグバンで始まったという考え方は、天体に代表される宇宙の構造がどのようにつくられ、進化していくのか、という問題を提起しました。と同時に、物質そのものがどのように形づくられてきたのか、という問題についても、新たな概念を生み出しました。すなわち、太陽系にみられるような現在の元素の組成は、無限の昔からずっと一定だったわけではなく、ビッグバンを出発点とする宇宙の歴史のなかでつくられてきたと考えられるようになったのです。

この問題の探求は、ガモフらによるビッグバンの提唱とともに始まりました。ガモフ自身は当時、宇宙誕生直後の火の玉のなかで、現在みられるような多様な元素が一挙につくられたのではないか、と考えました。

一方で、原子核どうしの反応（核融合反応）が太陽のような恒星のなかで起きているということはすでにわかっていました。太陽がどうして長く輝き続けられるのか、というのは二〇世紀初頭まで大きな問題でしたが、太陽のエネルギー源は中心付近で起こっている水素の核融合にあることがベーテらによって示され（一九三八年）、この問題の解決に道が開かれました。太陽は水素の核融合によって約一〇〇億年にわたって輝くことができると考えられています。

さて、核融合反応は、エネルギー（星から光として放射される）を生み出すだけではなく、新たな元素をつくり出します。太陽の中心で起こっている反応は、水素原子四個からヘリウム原子一個をつくり出します。

このように星の内部で元素合成が進み、それらが星の死に際して宇宙空間に放出されれば、宇宙の元素組成は変化していくはずです。こうしたことから、宇宙誕生直後の火の玉ではもっとも軽い水素原子核だけがつくられ、ヘリウム以上の重い元素はすべて星のなかでつくられたのではないか、という仮説も提唱されました。

その後の研究によって、答えはいわばその中間にあることがわかってきました。すなわち、火の玉宇宙では水素のほか、ヘリウムの大部分がつくられ、それ以上の重い元素は、恒星のなかでの核反応によってつくられたのです（なお、後述のように、ヘリウムの次に軽いリチウムの一部もビッグバンの際につくられたとみられています）。これを簡単にまとめると、以下のようになります。

①ビッグバンの最初の数分間で水素とヘリウム（と一部のごく軽い元素）がつくられる。
②水素とヘリウムばかりのガスから第一世代の星が生まれ、それらの星は内部で重い元素を合成し、一生を終えるときに星間空間に重元素を含んだガスを放出する。
③そのガスは、次世代の星の材料の一部として使われる。新たに生まれた星は、重い元素をさらに合成して、宇宙空間に還元する。

あとは③の繰り返しです。そして数十億年たつころには、多様な元素が含まれるガス雲ができます。そこから四六億年前に太陽系も誕生しました。私たちの地球も、人体も、宇宙誕生以降、脈々と続いてきた恒星のなかでの元素合成の産物なのです。

宇宙における物質進化の枠組み

このような宇宙の物質進化の基本的な枠組みは、一九五七年に発表された二つの論文（バービッジらのグループ、およびキャメロンによる）によって提唱されました。そのなかでは、九〇余の元素を合成する代表的な原子核反応と、その反応が起こる場所――どのような星で反応が起こるのか——が、当時の知見にもとづいて整理されました。

ひとくちに「原子核反応」といっても、さまざまな種類がありますし、また「星」といっても、いろんな星があります。原子核反応を扱う原子核物理学、そして星の内部構造や進化を解き明かす天体物理学の一つひとつの進歩を積み上げ、総合していくことによってはじめて、太陽系の元素の起源に迫る研究の道筋がつけられたのです。

以後約半世紀におよぶ研究により、その中身はずっと詳細で豊かなものとなってきました。以下の第3、4章では、現在までに理解されている元素合成過程と、それにかかわる天体現象について具体的にみていきます。

その前に、ビッグバン時の元素合成について、もう少し詳しく説明しておくことにします。

ビッグバンでつくられた水素とヘリウム

宇宙の始まりには、巨大なエネルギーが解放され、ビッグバンとよばれる爆発が起こりました。この爆発の直後は、原子核はおろか、陽子や中性子すら構成できないほど、宇宙はエネルギーに満ちていましたが、やがて——といっても爆発からわずか一秒以内の話ですが——陽子や中性子がつくられるようになります。そのころの宇宙の温度は一〇〇億度以上で、電子やニュートリノとの反応によって陽子は中性子に、中性子は陽子に変わる反応を繰り返しています。この反応は平衡状態にあって、陽子と中性子がほぼ同数存在していました。

爆発から一秒ほどたつと、宇宙の温度は一〇〇億度くらいまで下がります。そのころ、陽子から中性子をつくり出す反応が衰え始めます。これは、陽子と電子から中性子をつくり出すのにいくらかのエネルギーが必要なのですが、宇宙の温度が下がってきたためにそのエネルギーが少しずつ足りなくなってきたためです。また、そもそも中性子は放っておくとニュートリノを放出して陽子と電子に崩壊する性質があります。その結果、宇宙全体で中性子に比べて陽子の数がだんだんと多くなります。

そのころはまだ、陽子や中性子が結合して原子核をつくり出すことはできませんでした。陽子と中性子がひとつずつ結合すれば、質量数二の水素の同位体になります。この同位体は重水素とよばれますが、比較的小さなエネルギーを持つ光によっても壊されてしまうので、このころの宇宙では重水素は安定的に存在できなかったのです。

その後、一〇〇秒ほど経過し、宇宙の温度が一〇億度ほどに下がると、ようやく重水素もいくらか生き残れるようになりました。重水素ができてしまうと、そこから先の原子核反応は素早く進み、質量数四のヘリウム（^{4}He）を合成します。反応全体を通してみると、二個の陽子と二個の中性子から、一個のヘリウム原子核が合成されます。ヘリウムは非常に安定な原子核で、当時の宇宙でも壊されてしまう心配はありません。この反応によって、当時残っていた中性子はほぼすべてヘリウム原子核に取り込まれてしまいました。

さきほど述べたように、当時の宇宙では陽子の数が増え、中性子の数が減り続けていました。そのままでは宇宙は陽子だらけになってしまうところでしたが、ヘリウム原子核に取り込まれてしまえば、中性子も無事存在し続けられます。

ヘリウム原子核の合成が進んだころ、陽子と中性子の個数比は約七対一になっていました。これにより、合成されるヘリウム原子核の数が決まります。ヘリウム原子核は陽子二個と中性子二個から合成されますので、陽子が一四個、中性子が二個あったとすれば、陽子一二個はそのまま残り、それ以外がヘリウム原子核一個をつくります。陽子はすなわち水素の原子核ですから、その後の宇宙には、水素とヘリウムがだいたい一二対一の割合で残されることになります。

一九六〇年代に宇宙のなかのヘリウムの組成の測定が進みました。測定方法は省略しますが、たくさんの天体のヘリウム組成を調べてみたところ、どの天体でもヘリウムは水素に比べて一二分の一くらいという、上の予測と概ね一致していました。より重い元素については、天体によって一桁以上の組成のばらつきが存在することが知られていましたので、ヘリウム組成の普遍性は際だっています。このヘリウム組成の観測結果は、宇宙膨張、マイクロ波宇宙背景放射とならんで、ビッグバンの三大証拠とされています。

ビッグバンでどこまで元素はつくられたのか

ビッグバン元素合成は約一〇分間継続したとみられますが、合成過程は質量数四のヘリウム（^{4}He）でほとんど止まってしまいました。^{4}Heと陽子または中性子が結合すれば質量数五の原子核がつくられ、^{4}Heどうしが結合すれば質量数八の原子核が合成されるはずですが、質量数五と八には、安定な原子核が存在していないため、そこから先には反応が進まなかったのです。

ただ、水素からヘリウムを合成する反応の途中でできる質量数三の水素の同位体（^{3}H、別名トリチウム）やヘリウムの同位体（^{3}He）が^{4}Heと結合すると、質量数七の原子核を合成することができます。その結果、量としてはわずかですが、質量数七のリチウム（^{7}Li）が合成されます。

では、ヘリウムと同様に宇宙のなかで^{7}Liも普遍的に存在しているでしょうか？

ビッグバンで合成されるリチウムは、量としてはかなり少ないので、たいていはその後星のなかで合成されたリチウムに埋もれてしまっています。しかし、第5、6章で詳しく述べるように、星のなかには宇宙のごく初期に生まれ、その後の元素合成の影響を受けていないものがあります。こういった古い星のなかには、重元素の組成が太陽に比べて二桁も三桁も低いものがありますが、そういった星のなかにも、ある一定量のリチウムが存在することが確認されています。この一定量こそ、ビッグバンでつくられたリチウムだろうと考えられています。

逆に、こういった古い星にみられるリチウム組成から、ビッグバン元素合成モデルを詳しく検証することができるはずです。その試みはここ二〇年ほど行われてきましたが、実は現在、やや深刻な問題が提起されています。現在、最も確からしいビッグバンモデルから予想されるリチウム組成と、古い星におけるリチウム組成の測定値が数倍食い違っているのです。ビッグバン元素合成モデルをさらに見直す必要があるのか、測定値のほうに問題があるのか、それぞれ検討が行われています。

ビッグバン時の宇宙に陽子や中性子の数密度のムラがあったと仮定する元素合成モデルもあります。このモデルによると、もう少し違った原子核反応の経路が現れ、リチウムの次に重いベリリウムの合成が予測されていますし、さらに極端なモデルでは炭素以上の元素が合成されると予測されています。このようなモデルによれば、リチウム組成の観測値との食い違いも説明される可能性があります。今後、さらに観測によって検証される必要がある問題です。

【コラム②】

宇宙背景放射と宇宙論

ビッグバン後の宇宙では、原子核（そのほとんどが水素）と電子がバラバラに存在する「プラズマ状態」にあり、放射された光がすぐに散乱されてしまう不透明な宇宙でした。それが約三八万年たつと、宇宙の温度が約三〇〇〇度まで低下し、水素の原子核（陽子）と電子が結合して、水素原子を形成するようになります。こうなると光は邪魔されることなくどこまでも届くようになります（宇宙の晴れ上がり）。その瞬間に放たれた光――それは三〇〇〇度の物質が放つ可視光・赤外線です――は宇宙全体をあまねく照らすことになります。その光は、宇宙膨張の結果、現在では宇宙では電波（マイクロ波・波長一ミリメートル程度）にまで引き伸ばされて観測されるはずです。実際、一九六五年に発見された空全体から届く電波（背景放射）が火の玉宇宙の名残の放射であることがわかり、ビッグバン理論に、強力な根拠を与えることになりました。

この宇宙背景放射の測定は、COBE衛星（一九九二年打ち上げ）やWMAP衛星（同二〇〇一年）に代表される観測によって精密化されました。その示すところは、背景放射が絶対温度で二・七二五度の熱平衡状態にある物質からの放射（黒体放射）であり、宇宙のどの方向をみてもほぼ均一であるが、わずかな（一〇万分の一程度の）温度のムラをもつというものでした。その温度のムラがどのようなパターンで存在しているのか調べることによって、ビッグバン直前に急激な宇宙の加速膨張が起こったという「インフレーションモデル」が強く支持されることになりました。

これは一九八〇年に提唱されたモデルで、誕生直後の宇宙が急激な膨張を経験し、その後猛烈に加熱されて火の玉宇宙が誕生した（ビッグバンが始まった）というものです。このモデルは、マイクロ波宇宙背景放射の均一性を説明するのに必要なものでした。宇宙のある方向にみられる背景放射と、例えばその反対からくる放射は、宇宙の晴れ上がり以後一度も情報のやりとりをしたことがない（因果関係を持っていない）はずですが、それがまったくといってよいほど同じ温度を持っているのは、偶然とは考えられません。インフレーションモデルは、当初は十分小さくて均一にならされていた宇宙が、急激な加速膨張の結果お互いに因果関係を持てないくらいまで広がった、として背景放射の均一性を説明しました。

当初の十分にならされた宇宙でも、量子力学の基本的な原理（不確定性原理）により、わずかな密度の不均一が避けられません。これが背景放射のゆらぎとしてどのように観測されるか、モデルは予言します。最近の背景放射の精密な測定結果は、この予測と見事に一致し、インフレーションモデルは強固な根拠を得ることになりました。

これらの観測の結果、宇宙の年齢は約一四〇億年（誤差は数億年）であることがわかり、長年論争になってきた宇宙年齢の問題もほぼ決着をみたと考えられるようになってきています。しかし、驚くべきことに、宇宙には私たちが知っているような物質だけでなく、それを大きく上回る物質（暗黒物質）やエネルギー（暗黒エネルギー）が満ちていると結論されました。この問題についてはコラム③で解説します。

【コラム③】

暗黒物質と暗黒エネルギー

前のコラムで説明したように、宇宙は普通の物質とは異なる、未知の物質とエネルギーで満たされています。物質とエネルギーは、アインシュタインが示したように変換可能ですので、それらを全部合わせた宇宙の組成を考えてみましょう。最近のマイクロ波宇宙背景放射の研究の結果によれば、陽子や中性子などからなる「普通の物質」（バリオン）は四パーセント余り、それ以外の物質が約二三パーセント、残りの約七三パーセントが物質以外の何か、つまり未知のエネルギーです。「普通の物質」以外についてはその正体がわからないので、暗黒物質（ダークマター）、暗黒エネルギー（ダークエネルギー）とよばれています。

ずっと以前から天文学者は、一方では天体として観測される光の量から、銀河にどのくらいの質量が含まれているのか見積もり、他方では銀河の回転運動からその質量を推定していました。銀河の回転運動は重力の法則に支配されますので、銀河に属する星の軌道運動（中心からの距離と回転の速さ）から、光っていない物質を含めて、物質の分布を調べることができるのです。その結果、光を放つ天体以外に、それを凌駕《りょうが》する何らかの物質が存在することがわかってきました。さらに、ビッグバン後の宇宙における天体の形成の研究からも、重力としては作用するが天体の材料とはならない未知の物質の必要性が指摘されていました。これらが、最近の宇宙論の精密化でよりはっきりしてきたといえます。

暗黒エネルギーの存在は、別の観測によっても示唆されています。ここ数年、非常に遠方の銀河のなかで起こる超新星の観測が進み、それを利用することで、数十億光年というような遠方まで、直接距離を測定できるようになってきました（コラム①参照）。ある種の超新星（Ia型超新星）は、爆発そのものの明るさをかなり正確に知ることができるからです。超新星の後退速度（宇宙膨張によって私たちから遠ざかっていく速度）は比較的容易に測定できますので、私たちからの距離に応じて宇宙膨張の速さがどのように変化してきたのか、調べることができます。従来は、宇宙は自分自身の重力によって少しずつ膨張の速さをゆるめているだろうと考えられてきました。しかし、これまでに得られている結果は、驚くべきことに膨張は減速していないどころか、むしろ加速しているというものでした。この結果は、実は暗黒エネルギーを含めた宇宙モデルによれば説明可能なものです。

これまでのところ、私たちがその正体を知っているのは、全体の四パーセントでしかない「普通の物質」だけで、しかも光（電磁波）として観測できているのはその何割かでしかありません。残りは非常に暗い星なのか、星をつくっていないガスなのか、銀河間にただようブラックホールなのか、現在も探求が続いています。本書が扱っている「物質の進化」は、すべて「普通の物質」についてです。これは、質量・エネルギーでみるとわずかな部分でしかありませんが、天体をつくり、宇宙の多様性を担っているのが「普通の物質」であり、その観測を通して私たちは暗黒物質や暗黒エネルギーの存在に気づき、その性質を探ろうとしているのです。

第 3 章　星のなかでの元素合成

ビッグバン後の宇宙

さて、前の章でみたように、誕生から数分を経過した宇宙は、もはや元素合成を続けるほどの温度・密度ではなくなってしまいました。宇宙が急速に膨張してしまったためです。そのまま宇宙が膨張していったのでは、水素やヘリウムなどの軽い元素のガスしか存在しない、実に寂しい宇宙になってしまいます。

しかし、しばらくすると、密度の少し高い部分が重力によって収縮を始めました（これには暗黒物質の存在が大きくかかわっています。コラム③参照）。そのなかで特に濃い部分は、やがて十分に高温・高密度となり、水素の核融合反応によって輝き始めます。宇宙で最初の恒星の誕生です。

じつは、この第一世代の星に関してはまだ解明されていない問題が数多く残されていて、現在の天文学の重要問題のひとつとなっています。例えば、宇宙誕生から最初の星が誕生するまで、どのくらいの時間がかかったのか、という問題があります。

最近では、ビッグバンから約二億年後に最初の星が誕生したという結果が得られています。しかし、宇宙全体でこの瞬間に一気に星が誕生したのではなく、場所によって早く星が誕生したところもあるでしょうし、星の誕生が遅れたところもあったことでしょう。
また、現在では星の多くは、数千億個もの大集団である銀河をなしていますが、その形成過程も十分理解されていません。銀河規模のガスのかたまりができてからそのなかで星が誕生したのか、ある程度星が生まれてから、それが集団となって銀河にまとまったのか、というような基本的な問題についても、いまだ諸説あります。第一世代の星に関する問題については、第6章で少し詳しく紹介することにします。

ともあれ、ある時点で、第一世代の星が生まれたはずです。そしてその星のなかでは、核融合反応が始まります。恒星は、生涯の大部分において、水素からヘリウムをつくる反応によってエネルギーを生み出し、輝きます。現在の太陽の内部でも、その反応が進んでいます。そして中心部の水素がすべて使い尽くされてしまうと、ヘリウムからより重い元素をつくる反応が進みます。こうして重い元素が星のなかで着々と合成されていきます。

太陽のなかでの核反応

第一世代の星から放出された物質を材料の一部として取り込みながら、次世代以降の星は形成され、さらに重元素を合成していきます。宇宙誕生後一〇〇億年近くたって生まれてきた私たちの太陽もそのなかのひとつです。太陽の中心で起こっている核融合反応によって、毎秒約一〇億トンの水素が消費され、4×10^{26}ワットものエネルギーがつくられています。これは、世界の総電力の約一〇兆倍に相当します。

実際に太陽の中心で起こっている反応を少し詳しく紹介しておきましょう。陽子（水素の原子核）四個からヘリウムの原子核一個がつくり出されるといわれますが、これが一度に起こるわけではありません。陽子と中性子が結合した重水素、陽子二個と中性子一個からなる質量数三のヘリウム（^{3}He）を経て、最終的にヘリウム（^{4}He）が合成されます。

このような一連の反応は「陽子・陽子チェイン」とよばれ、比較的軽い、温度が低めの（といっても一〇〇〇万度以上ですが）星のなかで起こる反応です（図3-1）。

もう少し質量が大きく、温度の高い星のなかで起こる水素の核反応には、水素だけでなく、炭素（C）、窒素（N）、酸素（O）の三元素が関与します。「CNOサイクル」とよばれる反応です（図3-1）。この反応は陽子・陽子チェインに比べるとかなり複雑で、ここではいちいち反応を追うことはしませんが、要するに炭素、窒素、酸素の同位体に陽子が加わって他の同位体に変化し、あるところでヘリウムの原子核が分かれて出てくることになります。その結果、

図3－1　水素の核反応の例（p は陽子を表す）

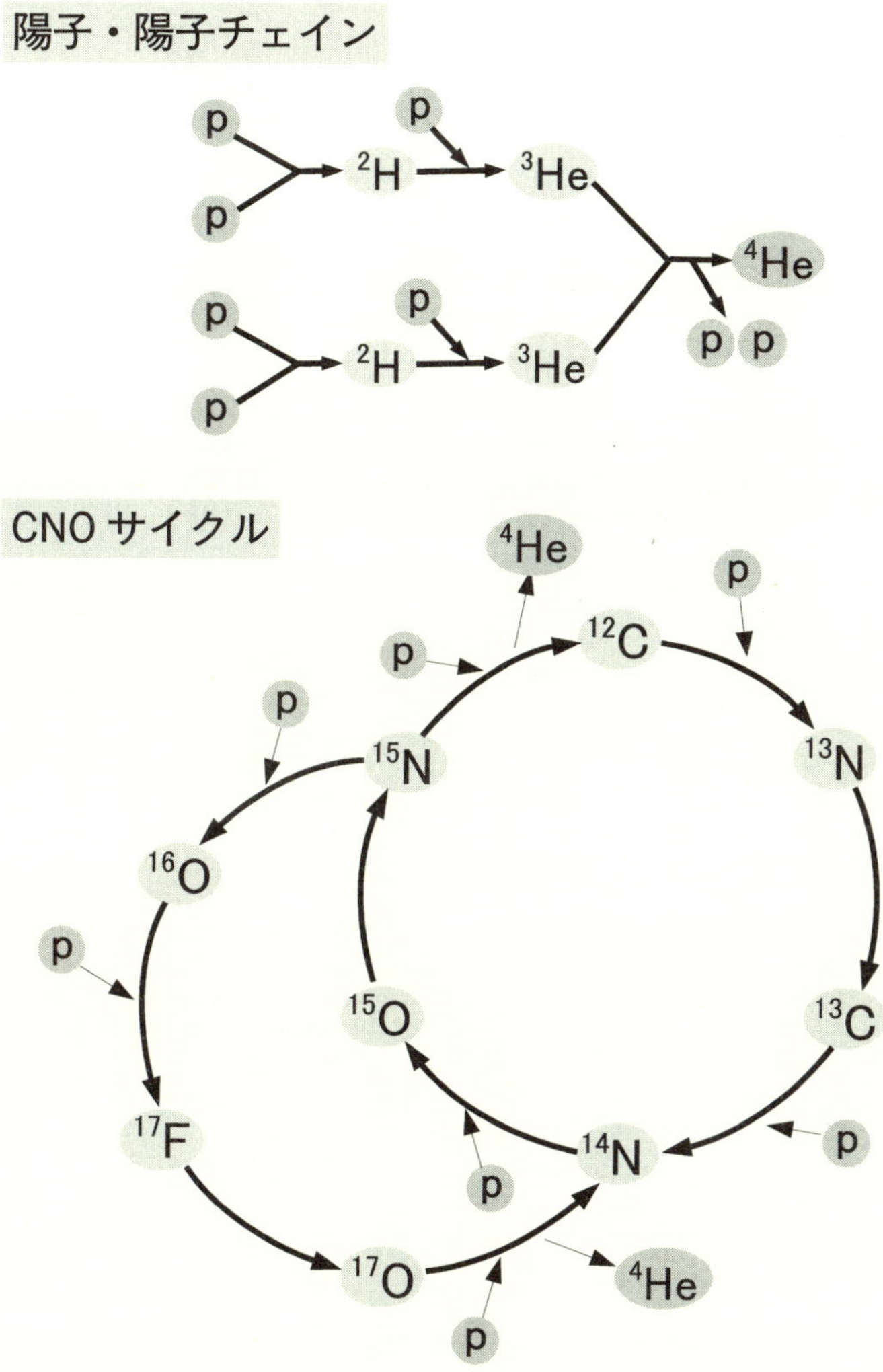

結局四個の陽子から一個のヘリウム原子核がつくられます。この反応は陽子・陽子チェインよりも効率よく水素を消費し、エネルギーをたくさん供給することができます。

なお、このサイクルでは炭素より重い元素が新たにつくられるわけではなく、星がはじめから持っていた三元素を利用するのが特徴です。そして、図の反応を追いかけてみるとわかるように、三元素の総量は変わりません。ただし、個々の反応にはそれぞれの速さがあり、サイクルが平衡状態に至るまでには一定の時間がかかります（温度によりその時間は異なりますが、太陽の中心温度程度では数十億年かかります）。それまでは、三元素の間の組成比（細かく言うと同位体の組成比）は変化し続けます。

また、太陽のように質量の小さな（中心の温度が低めの）星のなかでも、CNOサイクルは起こっています。ただし、太陽のなかでは陽子・陽子チェインが主流で、エネルギー供給の大半をまかなっているということです。それでもCNOサイクルは炭素、窒素、酸素の三元素の組成比を変化させますので、エネルギー供給の面での役割は小さくても、長年（約一〇〇億年）続けば太陽の中心付近の化学組成は大きく変わってしまいます。この影響はずっと後になって表面に現れてくることになります（六五ページの「軽い星の進化」参照）。

星の質量とその一生

ひとくちに星といっても、いろいろあります。夜空に輝く星をみていたのでは区別はつけられませんが、実際には、星の質量（重さ）には、太陽の一〇分の一くらいから一〇〇倍くらいまでの範囲があります。

そして、人間の一生とは違って、星の一生は、生まれたときの質量でほぼ決まってしまいます。これは星と星とは通常遠く離れていて、相互作用が少ないからです（複数の星がお互いのまわりをまわる連星系をなしている場合には、お互いに影響を及ぼしあって、変化に富んだ一生を送るものもあります。これについては後述します）。

太陽の質量は、2×10^{33}グラム、つまり二兆グラムの一兆倍の、さらに一〇億倍です。といってもぜんぜんピンときませんね。そこで、天文学者は、星の質量を表現するときに、太陽の質量を単位に使います。たとえば、夜空で最も明るく輝いてみえる恒星・シリウス（おおいぬ座α星）は太陽質量の二倍程度（二太陽質量）、とか、オリオン座の左肩のベテルギウスは約一五太陽質量、とかいう具合です。

ちなみに、太陽系のなかで最大の惑星・木星の質量は、太陽質量の約一〇〇〇分の一程度です。地球はさらにその三〇〇分の一くらいです。質量でいったら、いかに地球がちっぽけな存在であるか、おわかりいただけるでしょう。

さて、重い星（大質量星）は、それだけ核反応の材料を豊富に持っています。だからといって長きにわたって輝き続けるかというと、そうはいきません。その大きな質量による巨大な重力を支えるため、内部では活発に核融合反応を起こし、エネルギーをつくり出します。その活発さは、材料の豊富さを打ち消して余りあるもので、おかげで寿命は軽い星に比べて、逆にずっと短くなってしまいます。太陽の寿命は一〇〇億年程度ですが、太陽質量の数十倍の星の寿命は、わずか数百万年でしかありません。

数百万年といえば、最古の人類が地球上に現れてから今までの期間に相当します。ベテルギウスは典型的な大質量星で、まもなくその寿命が尽きようとしています（「まもなく」といっても、数万年は生きながらえるかもしれませんが）。私たちの祖先は、生まれたてのこの星を目にしていたことでしょう。いずれ人類がこの星の死を見届けることはあるでしょうか。（なお、この星は地球から約五〇〇光年離れているので、私たちが現在みているのは、この星の五〇〇年前の姿です。）

図3－2　かに星雲（距離7200光年）
約1000年前の超新星爆発の名残。（提供：国立天文台）

超新星爆発

質量が太陽の一〇倍以上あるような星は、その生涯を超新星とよばれる大爆発で終えます。この爆発は、地球からみていると、夜空に突然新しい星が現れたかのようにみえますので、「超新星」という名称がつけられました（もっと規模の小さい爆発現象もあって、そちらが「新星」と名づけられています。それよりもはるかに明るくなるため「超」がつけられていいます）。しかし、実際には新しい星が誕生したのではなく、むしろ星が生涯を終える現象です。

身近なところでいうと、かに星雲は、約一〇〇〇年前に起こった超新星爆発の名残（超新星残骸）であることがわかっています（図3－

2）。この星雲を残すことになった超新星爆発は、当時多くの人に目撃されたはずで、実際、中国や日本の書物にその記述がみられます。日本の書物としては、藤原定家の日記「明月記」に、今でいえばオリオン座からおうし座の方角に、昼間でもみることができる「客星」、つまり突如明るく輝き始めた星の記述があります。その位置が現在のかに星雲と一致すること、および記述の時期が現在のかに星雲の大きさと膨張速度から見積もられた超新星爆発の時期（約一〇〇〇年前）と一致することから、この客星がかに星雲を生んだ超新星の観測記録と認められました。逆にこれらの文献による記録から、この星雲の年齢が正確に求められたことにより、超新星から星雲（超新星残骸）が形成される過程を理解するのに大きな助けとなりました。

超新星爆発というのはかなり稀な現象で、平均すると私たちの銀河系では一〇〇年に一回程度しか起こりません。しかもここ四〇〇年間は、観測例がありません。私たちは、一生の間に超新星爆発を肉眼でみることができるでしょうか。

超新星の実体が理解されてから、天の川銀河のなかでは超新星爆発は発見されていませんが、一九八七年には、私たちの銀河に最も近い銀河のひとつ・大マゼラン雲（距離約一六万光年）で超新星爆発が起こりました（口絵2）。その詳しい観測から、超新星についての理解が大きく進みました。

大マゼラン雲というのは、銀河系のお供のような小さな銀河で、南半球からしかみることができません。そのため、残念ながら日本からは普通の望遠鏡では観測することができませんでした。しかし、この超新星から放射されたニュートリノが、日本の施設・カミオカンデで検出された話は、二〇〇二年の小柴昌俊氏のノーベル賞受賞によってすっかり有名になりました。ニュートリノというのは、ほとんど物質と相互作用することなく進む素粒子なので、地球を通り抜けて北半球の施設でも検出されたわけです。このニュートリノの観測は、超新星爆発の理解に大きく貢献しました。

さて、超新星爆発は、ごく稀にしか起こらない現象ですが、ひとたび爆発が起こると、周囲に与える影響は重大です。例えば、爆発によって周囲の星間ガスが掃き集められ、次世代の星が誕生するきっかけが与えられることがわかっています。一方、その巨大な爆発エネルギーによって、ガスを銀河の外にまで吹き払ってしまう場合もあると考えられています。

超新星と元素合成

これらに加えて、超新星爆発は、新たに重い元素を宇宙に供給する点でも、重要な役割を果たしています。

超新星爆発を起こすような大質量星の内部でも、最初は太陽と同じように水素からヘリウムを合成する反応が起こり、エネルギーを生み出します。中心付近の水素が使い果たされると、それまで、いわば廃棄物としてたまってきたヘリウムが、今度は核融合の材料として使われ、より重い炭素や酸素が合成されます。さらにヘリウムが使い果たされると、炭素や酸素を材料にした反応が始まり……という具合に、ネオン（Ne）やケイ素（Si）といった元素が合成され、最終的には鉄（Fe）までが合成されます。

鉄は最も安定な原子核で、鉄より重い元素は、原子核どうしの反応ではもはやつくられません（第4章参照）。このため、ここで核反応の連鎖は終わり、中心部は自らの重力を支えきれずに崩壊し、ブラックホールや中性子星とよばれる高密度天体を形成します。周囲の物質の崩落は、高密度天体の出現によって食い止められ、その反動で一気に飛び散ります。これが超新星爆発です。

もちろん、元素合成が進んでいっても、爆発の前に星全体が鉄になってしまうわけではなく、外層部には水素がそのまま残り、やや内側にはヘリウムの多い層、その内側は炭素、酸素の多い層、……そして中心部には鉄、といった具合に、たまねぎのような構造が形成されます。超新星爆発によって、これらの元素が一挙に放出されます。

このように、重い星の内部での核反応の結果、鉄までの重い元素がつくられます。しかし、自然界には、もっと重い元素がたくさん存在しています。実は、超新星爆発の際には、鉄よりも重い元素も合成されると考えられています。ただしその過程は上で述べたような原子核反応の連鎖とはかなり異なっています。この反応については第4章で詳しく紹介しますが、これによりたとえば金やプラチナといった貴金属や、トリウムやウランといった放射性元素も合成されます。鉄よりも重い元素の半分くらいは、超新星爆発がつくり出す非常に高温な環境で、瞬時に――わずか数秒の間に――合成されると考えられています。

軽い星の進化

一方、太陽質量の一〇倍程度以下の星は、超新星爆発を起こすことはなく、比較的穏やかな物質の放出（質量放出）でその生涯を閉じます。太陽は現在約四六億歳ですが、さらに五〇億年くらいは安定して輝き続けると考えられています。このように安定して輝き続けられる期間は星の質量で決まっていて、軽い星ほど長い寿命を持つことになります。太陽の一〇分の一しか質量のない星の寿命は、一兆年以上という途方もない長さになります。

太陽はあと五〇億年ほどは安定的に輝くといいましたが、その間にはじわじわと明るくなり、地球上の環境は大きな影響をうけるでしょう。温度は上昇し、海は干上がり、生物も大きなダメージをうけることになるでしょう。

さて、五〇億年ほどたった太陽の中心部では、水素が枯渇し、ヘリウムの中心核ができます。すると、その周囲で水素の核反応が起こり、エネルギーを供給するようになります。中心核（コア）のまわりの殻（シェル）で反応が起こるため、これを水素の「殻燃焼」とよびます。

この段階で、星は急激に膨張します（コラム⑤七六ページ参照）。太陽の場合、その半径は現在の数十倍になってしまうと考えられています。現在の太陽の半径は約七〇万キロメートルで、太陽と地球の間の距離は一億五〇〇〇万キロメートル、すなわち太陽半径のおよそ二〇〇倍ですから、いかに巨大な星になるかおわかりいただけると思います。とても人類が住み続けられるような環境ではないですね（五〇億年後の話ですが）。

大きく膨張してしまうので、星の表面では、温度が低くなります。現在の太陽の表面は摂氏約五五〇〇度（絶対温度で約五八〇〇度。星の温度は数千度なので、以下、絶対温度を摂氏と区別せずに使います）ですが、この段階では四〇〇〇度程度以下になります。温度の低い星は、人間の目では赤くみえますので、このように膨張をとげた星は「赤色巨星」とよばれます。温度は低くても、星の表面積は非常に大きくなっているので、星は明るく輝きます。うしかい座のアークツルスは典型的な赤色巨星です。

さて、水素の殻燃焼が続くと、中心核にヘリウムがどんどん蓄積されていきます。そして、やがてヘリウムの核反応が始まります。その始まり方は星の質量によって少し違うのですが、太陽くらい軽い星の場合は、一気に反応が起こります（ヘリウム・フラッシュとよばれています）。これは、ヘリウムの原子核三つから炭素の原子核が合成される反応が温度に極めて敏感で、ある一定以上の温度に達すると反応が暴走的に起こるためです。その際に、星の明るさや温度も急激な変化をとげると考えられています。

その後、しばらくは中心部のヘリウムの安定的な核反応によって星は輝きます。いったん反応が始まると、それに見合った環境に落ち着くためです。中心部でヘリウムが枯渇し始めると、いよいよ軽い星の進化も最終段階に入ります。ここでも、先ほどの赤色巨星への進化と同じように星の膨張が起こります。ただし、この場合は、中心部は炭素の核ができ、より温度が低く、明るい星にまでなります（コラム⑥七八ページ参照）。この段階で、太陽も現在の一〇〇倍以上に膨張して、その表面からゆっくりとガスを放出し始めると考えられています。実はその放出メカニズムはあまりはっきりわかっておらず、いぜん天文学上の重要問題のひとつにあげられています。

ともかく、このようなガスの放出現象は実際に多くの進化の進んだ星で観測されており、星の中心核とそのまわりに密度の低いガスが残されると、そのガスが中心星の紫外線で照らされて明るく輝きます。これは「惑星状星雲」とよばれます（昔、このような天体が惑星のようにみえたことからこの名前がつけられていますが、実際には惑星とは全く関係ありません)。

口絵1は有名な惑星状星雲である「リング星雲」の画像です。中心に暗い星がみえますが、そのまわりを幾重にもガスがとりまいています。これはガス放出の歴史を物語っています。

そして最終的には、ガス雲は宇宙空間に文字通り雲散霧消してしまい、中心核が非常に小さな星(白色矮星《わいせい》とよばれる)として残されます。リング星雲の中心にみえているのも白色矮星です。これが太陽のような軽い星のなれの果てです。

軽い星における元素合成

このような軽い星からの物質の放出は、重い星の超新星爆発に比べると、ずっとインパクトは小さいものです。しかし、軽い星は、超新星爆発を起こすような重い星に比べると圧倒的に数が多いのが特徴です。その結果、長い宇宙・銀河の歴史のなかでは、軽い星の役割も、重い星に負けず劣らず重要です。

さて、話を元素合成に戻しましょう。軽い星の内部では、一生の大半を通して水素の核反応(ヘリウムの合成)が起こり、終末期にはヘリウムの反応(炭素の合成)が起こります。重い星の場合は、それからさらに反応が続いて鉄までの元素を合成しますが、軽い星の場合は、だいたい炭素でおしまいです。

これらの核反応の結果は、赤色巨星に進化した段階で表面に汲み上げられてきます。赤色巨星の表面組成を調べてみると、太陽組成に比べて炭素が少なく、その分だけ窒素が多いという特徴が多くの星でみられます。これはＣＮＯサイクルの結果予想される傾向です。また、一部の赤色巨星では、逆に炭素組成が非常に高い星もみつかっています。こういった星は、さらに進化が進んで、ヘリウムから合成された炭素までもが表面に汲み上げられてきたものと考えられます。

ただし、前述のように水素の核反応の過程で、炭素、窒素、酸素などの元素が触媒のように作用する反応があります（ＣＮＯサイクル）。これによって新たに炭素以上の重い元素が合成されるわけではありませんが、炭素、窒素、酸素のあいだの比率は変わります。

また、興味深いことに、軽い星の進化終末期にも、鉄よりも重い元素をつくり出す反応が起こります（コラム⑥参照）。先ほど、軽い星では鉄のような重い元素は合成されない、と述べたばかりですが、ここで言っているのは、反応の材料となる元素（主に鉄）は、軽い星自身が水素からつくり出したものではなく、星が生まれながらに持っていたものを使用する反応です。つまり、水素からヘリウム、炭素……鉄……という具合に合成を行うのではなく、前の世代までの星によって合成された鉄などの重元素を種として使いながら、より重い元素（最終的には鉛まで）を合成するのです。この反応については、第4章で詳しく述べることにします。

連星の場合

以上は、一個一個の星が孤立して存在している場合についての話です。しかし、宇宙のなかでは、二つ（場合によっては三つ以上）の星が、おたがいのまわりをまわるシステム（連星系）をなしている場合も決して稀ではありません。

例えば、さそり座のα星・アンタレスも、明るく輝く赤色巨星（正確にいうと、この星は質量が大きく、巨星のなかでもとりわけ明るいので赤色超巨星とよばれます）と、暗めだが温度の高い星との連星であることが知られています。

また、全天一明るいシリウスにも、白色矮星のお供（伴星）がいることが知られています。この白色矮星も、今でこそ進化を遂げて暗くなってしまっていますが、かつては今のシリウスよりずっと明るい星だったはずです（今のシリウスよりも先に進化を遂げたところをみると、伴星のほうがもとは質量が大きかったはずで、したがって明るかっただろうと考えられます）。地球からも相当明るくみえたことでしょう。

さて、このような連星の場合、二つの星の間の距離が近いと、一方の星からもう一方の星にガスが流れ込むという現象が起こる場合があります。

先ほど、軽い星（太陽の一〇倍程度以下）は、終末期にガスを失って、中心に小さな星（白色矮星）を残すと述べました。その白色矮星に隣の星からガスが大量に流れ込むと、表面で核反応が起こり、一時的に明るく輝くことがあります。これは「新星」とよばれる現象です（超新星よりもずっと小さな爆発で、これによって星がなくなってしまうわけではありません。六一ページ参照）。

そして、隣のガスの供給が積み重なり、白色矮星がある限界の質量を超えると、今度は本当に星が大爆発を起こして、白色矮星ごと吹き飛んでしまうことがあります。これも一種の超新星爆発ですが、前に出てきた重い星の一生の最期に起こる大爆発とはタイプが違うものです（天文学では、重い星がその最期に起こす爆発をII型超新星、連星の場合をIa型超新星とよんで区別しています）。結果としてつくられる元素の種類は、やはり鉄などの重い元素ですが、重い星がその最期につくり出す組成とは少し違うものになります。

星による元素合成：まとめ

以上、星による元素合成について、質量の大きい星の場合、小さい星の場合、連星の場合を紹介してきました。星のなかの核反応は、宇宙における元素合成の基本となりますので、ここまでの話を一度整理しておきましょう。

- 宇宙のなかでの元素合成は、主として、宇宙誕生後の数分間と、星の内部（超新星爆発も含む）での反応による。
- 現在の太陽のように、星は大半の期間、中心部の水素の核反応（ヘリウムの合成）によってエネルギーをつくり出し、輝く。
- 質量の大きな星は、ヘリウムから炭素、酸素、ケイ素、そして最後に鉄までを合成し、超新星爆発によって宇宙空間に重元素を大量に供給する。
- 質量の小さな星は、ヘリウムから炭素を合成するまでにとどまり、表面からガスと塵を放出し、元素合成の結果を宇宙空間に還元する。
- 質量の小さめの星でも、連星系をなしている場合には、一方の星の表面から他方の星にガスが流入し、それがある限界を超えるとガスを受け取った側の星が超新星爆発を起こし、鉄などの重元素を放出する。

鉄より重い元素は、質量の大きな星、小さな星それぞれで合成するプロセスがあります。それについては第4章で詳しく紹介することにします。

これらの元素合成の結果は、銀河系のなかで蓄積されていき、太陽系もそのなかから生まれてきました。銀河の歴史と太陽系の位置については、第7章で紹介します。また、太陽系には、地球も含めて惑星がありますが、実は惑星の存在も、これらの元素の歴史と密接な関係があるかもしれない、ということがわかってきました。これについては、第8章で詳しくご紹介します。

【コラム④】

恒星になれなかった天体・褐色矮星

ひとくちに恒星といっても、太陽質量の十分の一くらいから百倍くらいまで、質量には大きな幅があります。星はもともとはガスが収縮して生まれてきますが、その際に集まったガスの質量が小さいと、核融合反応が起こるほど中心部の温度・密度が高くならず、自らエネルギーをつくり出して輝くことができません。恒星となりうる限界の質量は、化学組成にも多少よりますが、太陽質量のおよそ八パーセントです。この限界以下の天体は「褐色矮星」とよばれ、自らエネルギーをつくって輝くわけではないので、非常に暗い天体です。その存在は昔から予想されていましたが、はじめて発見されたのは一九九五年のことです。その後研究は大きく進み、さまざまな質量と年齢の褐色矮星がみつかっています。

褐色矮星は、太陽系でいえば木星のような感じの天体だと思われます。木星の質量は、太陽の約〇・一パーセントで、これは褐色矮星ではなく惑星に分類されます。惑星と褐色矮星とを区別するのは単に質量ではなく、恒星が生まれる時に周囲につくられる円盤のなかで生まれたのか、それとも単独の天体として生まれたのか、といった形成過程（の推定）によるようですが、その境界は必ずしも明確ではありません。いずれにしても、これらの天体は、できたばかりのころはまだ熱を持っており、主に赤外線を放っています。年齢を経るにしたがって温度が下がり、放射も弱くなっていきます。したがって、古い褐色矮星はより暗く、発見しにくくなります。褐色矮星は、時間がたっても爆発することもなければガスを放出することもなく、ひっそりと存在し続けていくだけだと考えられています。

十分に探査が進むまでは、褐色矮星が暗黒物質の重要な部分を占めているのではないかと考えられ、宇宙論との関係で興味を持たれていた時期もありました。しかし、暗黒物質の多くの部分がこれまでに知られている普通の物質（バリオン）ではなく、未知の物質であることが次第に明らかになり（コラム③）、また褐色矮星の数も暗黒物質の量と比べてみればさほど多くないこともわかってきました。

このため、宇宙論の観点からは興味が薄くなってきましたが、恒星や惑星系形成との関係では関心が高まっているといえます。最近、太陽以外の恒星のまわりに惑星系が存在することが確認され、太陽系と似たような惑星系もあれば、大きく異なったものもあることがわかってきました（第8章）。恒星と惑星の中間といってもよい褐色矮星がいったいどのように形成されたのか、興味深い問題です。また、褐色矮星の表面（大気）構造も注目されています。太陽のような恒星は、黒点などを除くとわりと単純な大気構造をもっていますが、木星のような惑星には、縞模様や大赤斑など複雑な現象がみられます。褐色矮星のうち、温度の高い（年齢的に若い）ものは恒星と似た大気を持っているようですが、温度が低くなると惑星のように複雑な構造を持つようになることもわかってきています。いずれは恒星から惑星まで、統一的に大気構造を理解できる日がくることでしょう。

【コラム⑤】

赤色巨星への進化

恒星は誕生してからしばらくの間、中心部で水素の核融合反応によってエネルギーをつくり出し、輝き続けます。星の質量によって温度・明るさにきれいな系列ができる（質量の大きな星ほど温度が高く、明るい）ことから、この段階の星は「主系列星」とよばれます。主系列星にとどまる期間は星の質量によって大きく異なり、大質量星では数百万年、小質量星では数百億年あるいはそれ以上になりますが、それぞれの星についてみれば、一生のほとんどの期間、中心部での安定した水素の核反応によって輝きます。

ところが、中心部で水素が枯渇してくると徐々に状況はかわってきます。以下、太陽のような小質量星の進化について概略を説明します。

主系列星段階では、中心部での水素の核融合反応（ヘリウムの合成）でエネルギーをつくり出すことによって、星は自分自身の重力を支えてきたのですが、中心にはヘリウムが残されるばかりとなります。ヘリウムはこの段階では核反応を起こさないので、中心部は重力で縮んでいきます。

このヘリウム中心核の周囲には、まだ十分に水素を含む外層がとりまいています。今度は外層の底の部分で水素が核反応を起こし、エネルギーをつくり出すことによって外層が重力で落ちてくるのを支えます。核反応を起こす部分は中心核のまわりを殻（シェル）状にとりまくので、「水素殻燃焼」とよばれることがあります（天文学では核融合のことを「燃焼」とよぶ習慣がありますが、もちろん日常の燃焼反応とは異なります)。

中心部のヘリウム核が収縮していくと、それに伴って水素燃焼殻も収縮しそうですが、そうすると温度が高くなるので、核反応は急激に活発になります。これは水素の核反応率が温度に極めて敏感なためです。するとエネルギーをつくりすぎ、外層を押し上げることになるので水素燃焼殻の収縮は食い止められます。このフィードバックによって水素燃焼殻のサイズはほぼ一定に保たれます。

殻のサイズが一定なのに中心部のヘリウム核が収縮していくので、その外側（水素燃焼殻の内側）の密度が下がります。密度が下がっても先に述べた理由で水素燃焼殻は収縮できません。この低い密度で外層を支えるために、重力の弱いところまで外層を膨張させる必要があります。外層を膨張させるエネルギーは、水素燃焼殻での反応によってまかなわれます。

このように、進化の進んだ星が膨張して赤色巨星となっていくのは、中心部での化学組成の変化にともなって、核融合反応が中心部の外側で起こる（殻燃焼が始まる）ことによります。時間がたつほどヘリウムの中心核は収縮していくので、外層はより大きく膨らまなければなりません。太陽も赤色巨星段階の最後には、半径で約一〇〇倍近く、明るさでは一〇〇〇倍以上にまでなるとみられます。

その後、中心部でヘリウムの蓄積が進み、温度が上がってくると、ついにヘリウムの核融合反応が始まります。すると水素殻燃焼は止み、星は収縮して再び比較的安定した段階に入ります。そして中心部のヘリウムが枯渇すると再び星は膨張を始めます。この段階の星については次のコラムで説明します。

【コラム⑥】

進化終末期の星

前のコラムで、太陽のような小質量星が赤色巨星に進化するところを説明しました。これは中心部で水素が枯渇し、その周辺の水素の反応が始まり（水素殻燃焼）、外層が大きく膨張するというものでした。その後、中心部でヘリウムの蓄積が進み、温度が十分高くなると、ヘリウムの核反応が起こります。その際には水素殻燃焼は停止し、星の半径は小さくなります。

しばらくして中心部のヘリウムが枯渇する（炭素と酸素が蓄積される）と、中心部でのヘリウムの反応にかわって、再びその周囲での核反応（殻燃焼）が始まります。上の赤色巨星への進化の話から類推すると、ヘリウムの殻燃焼が起こりそうですが、実際にはそのさらに外側で水素の殻燃焼が起こります。これによってヘリウムが内側に少しずつ蓄積され、時々核反応を起こします（これもヘリウム・フラッシュの一種です。第4章参照）。

いずれにしても殻燃焼で星が支えられますので、前のコラムでみたように、星の外層は大きく膨張します。この段階も一種の赤色巨星ですが、先に出てきた赤色巨星より、内部構造がだいぶ複雑になっています。

それ以外にも、いろいろ複雑な現象が起きます。ひとつは、多くの場合明るさに（周期的な）変化がみられるようになることです。これは星が膨張・収縮を繰り返すようになるためです。これを星の脈動とよびます。有名なのはくじら座のミラという星で、このタイプの星には可視光での明るさが何桁も変動するものもあります。

また、大きく膨らんだ外層の表面からは、徐々に物質が失われるようになります。これを質量放出現象とよびます。星によっては一年で太陽質量の一〇〇万分の一以上を放出するものもあります。これは小さな量に聞こえるかもしれませんが、一〇〇万年で星そのものの質量に匹敵する物質が失われる計算になりますので、この影響は重大です。実際、小質量星の場合は、この質量放出現象によって一生を終えることになります（大質量星の場合は超新星爆発で生涯を終えます）。

このように重要な質量放出現象なのですが、実はそのメカニズムはあまりよく理解されていません。ひとつの鍵は、星の表面（大気）の温度が低いため、塵粒子《じんりゅうし》（ケイ素やマグネシウム、鉄などを成分とした固体粒子）が形成されるようになることです（それまで星の表面はすべての物質が気体であったことを思い出しましょう）。実際、塵粒子の存在とその特徴は、多くの星に対して観測によって調べられています。塵粒子は光の圧力を強く受けるので、星から吹き飛ばされますが、その際にまわりのガスも引きずっていき、これによって星から物質が失われるようになると考えられています。

では塵粒子がどう形成されるのか、本当にそれで質量放出現象がすべて説明できるのか、といった点が問題となります。塵粒子の形成と星の脈動が密接に関連しているという研究もあります。星の脈動、塵粒子の形成、質量放出現象――こういった複雑な現象がからみあって小質量星の終末は決まります。この段階の星は、恒星関係の研究者の間で現在最も活発に研究されている分野のひとつです。

第４章　鉄より重い元素の合成

前の2章で、ビッグバン以降の元素合成について紹介しました。ここまで出てきたのは、鉄よりも軽い元素ばかりです。これは、星のなかでの原子核どうしの反応――例えばヘリウム原子核三つから炭素がつくられるというような反応――では、鉄までの元素しか合成できないからです。これは、後で述べるように、原子核としては鉄がもっとも安定な元素だからです。

ところが、私たちの身のまわりには鉄より重い元素がたくさんあります。金や銀、プラチナといった貴金属もありますし、鉛もあります。さらには原子力発電で使われるウランまであります。

図4-1には、太陽系の組成を示しました。図1-3（一五ページ）では主な元素の組成を示しましたが、ここでは横軸に原子核の重さをとっています（後述するように、原子核の重さは原子核中の陽子と中性子の数の合計で表され、「質量数」とよばれます）。全体としては、水素に始まって、重い元素になるほど組成は小さくなっていることがわかりますが、同時に、いくつかの元素に顕著なピークがみられることもわかります。例えば、鉄はその前後の元素に比べてかなり多いのがみて取れます。これは、超新星爆発に至る星のなかでの元素合成の結果を反映していると解釈できます。

鉄より重い元素は、太陽系のなかでは、鉄に比べるとずっと量が少ないのですが、その種類は六〇以上、同位体を含めた原子核の種類では二〇〇以上にのぼります。これらの元素は、宇

図4-1　太陽系の組成（原子核の質量数と個数比との相関）

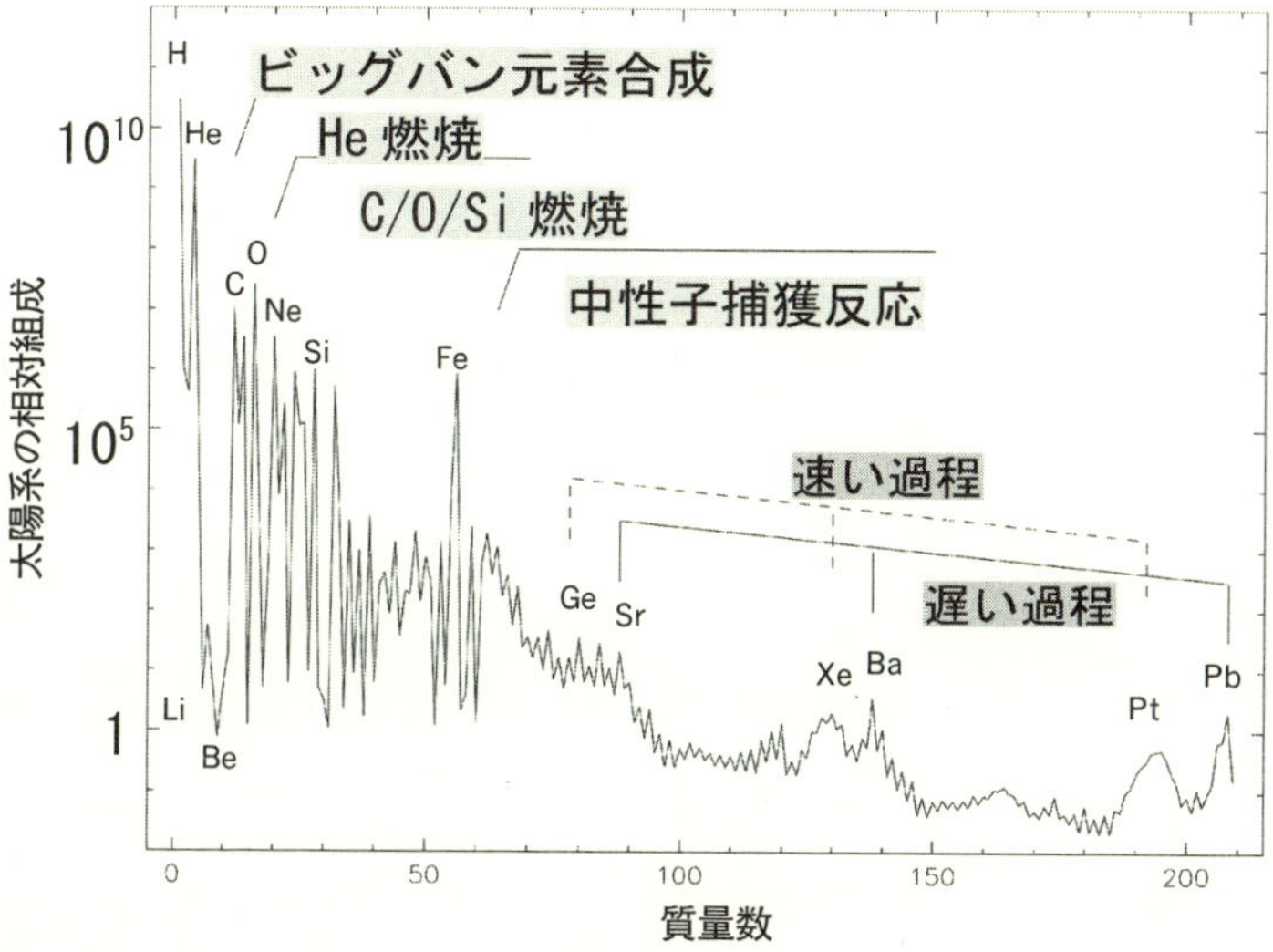

宙のなかでどのように合成されてきたのでしょうか。

重元素合成の難しさ

第1章で解説したように、原子は、水素であろうと鉄であろうと、中心部の原子核と電子からなります。新たに元素を合成するということは中心の原子核の構造を変化させることで、その反応には太陽の中心部のような高い温度と密度を要します。このような反応は、地上で起こることはほとんどありません。これはなぜでしょうか。

原子核は、一般にプラスの電荷を帯びています。これは原子核を構成している陽子の電荷がプラスだからです。重い元素の原子核ほど、含まれる陽子の数が多いため、より大きなプラス電荷を持っていることになります。

磁石の同じ極どうしがくっつかないのと同じように、同じ電荷を持つ粒子どうしは反発しあいます。この電気的な反発力が、プラスの電荷を持つ原子核どうしの反応をさまたげます。この反発を乗り越えて原子核をくっつけられるくらいに高い密度・温度でないと、安定的に核融合反応を起こせないのです。地上ではこれほどの環境は自然にはできませんし、宇宙のなかでも星の中心部に限られます。

原子核のなかでは、陽子と陽子はくっついています。プラスの電荷を持つ粒子どうしが結合しているのは、電気的な力とは別の力(「強い力」とよばれています)が存在していて、陽子や中性子がごく近い範囲にあるときにだけ引力として作用します。電気的な反発力を乗り越えて、陽子と陽子を「強い力」が及ぶ範囲まで近づけることができれば、原子核を構成し、新しい元素をつくることができるのです。

しかし、鉄より重い原子核では電気的な反発力があまりに大きくなるため、原子核どうしの反応では合成されなくなります。

質量の大きな星は、超新星爆発を起こす直前には、ケイ素の原子核の反応によって鉄を合成します(正確にいうと、ニッケルの同位体を合成しますが、この同位体は不安定で、少し時間がたつと鉄に変わります)。ところが、この反応は一方的に進むのではなく、鉄の原子核が合成されては分解し、また合成され……という行きつもどりつの反応が頻繁に起こっています。そのなかで、仮に鉄より重い原子核が一時的に合成されても、それらはすぐに分解してしまうと考えられます。

では、現に存在している重元素は、いったいどのようにしてつくられたのでしょうか。

重元素の合成：中性子捕獲反応

より重い原子核をつくる過程としては、中性子の反応が重要になります。中性子は、陽子とともに原子核を構成する粒子ですが、その名の通り、電気的に中性です。したがって、原子核と反応する際に、電気的な反発力が働きません。したがって、鉄などの原子核が中性子を捕獲することによって、より重い原子核を合成することができるのです。この反応を「中性子捕獲反応」とよびます。

このような中性子捕獲反応が起こるためには、原子核にとらえられていない自由な中性子を大量に供給できる環境が必要です。このような環境がどのような天体で整うのか、つまり鉄よりも重い元素の合成がどのような天体で起こっているのか、という問題についてはおって説明することにして、核反応の話を進めます。

中性子を捕獲すると原子核は重くなります。原子核の重さは陽子と中性子の数の合計で表され、これは「質量数」とよばれます。例えば鉄の質量数は五六です。そして捕獲した中性子の数だけ原子核の質量数が大きくなります。陽子の数が同じで中性子の数が異なる原子核を同位体とよびます（第1章参照）。中性子捕獲反応は、質量数の大きな同位体を次々とつくっていく反応なのです。

しかし、この反応はどこまでも続けられるわけではありません。原子核の性質として、安定な（寿命の長い）同位体の数は限られており、陽子の数にくらべて中性子の数が極端に大きな同位体は、安定的に存在することができません。例えば、銀の原子核は四七個の陽子をもっていますが、銀の安定な同位体は、質量数一〇七（中性子の数が六〇個）と一〇九（同じく六二個）のものだけです。

不安定な重い同位体がつくられると、原子核のなかの中性子が陽子に変わります。つまり、中性子の数がひとつ減って陽子の数がひとつ増えます。質量数は変わりませんが、陽子の数が変わるので、元素の種類が変わります（この反応は「ベータ崩壊」とよばれます）。

この様子を、図4-2に示します。この例は、原子番号五四番から五七番のキセノン（Xe）、

図4-2　中性子捕獲反応（およびベータ崩壊）の例

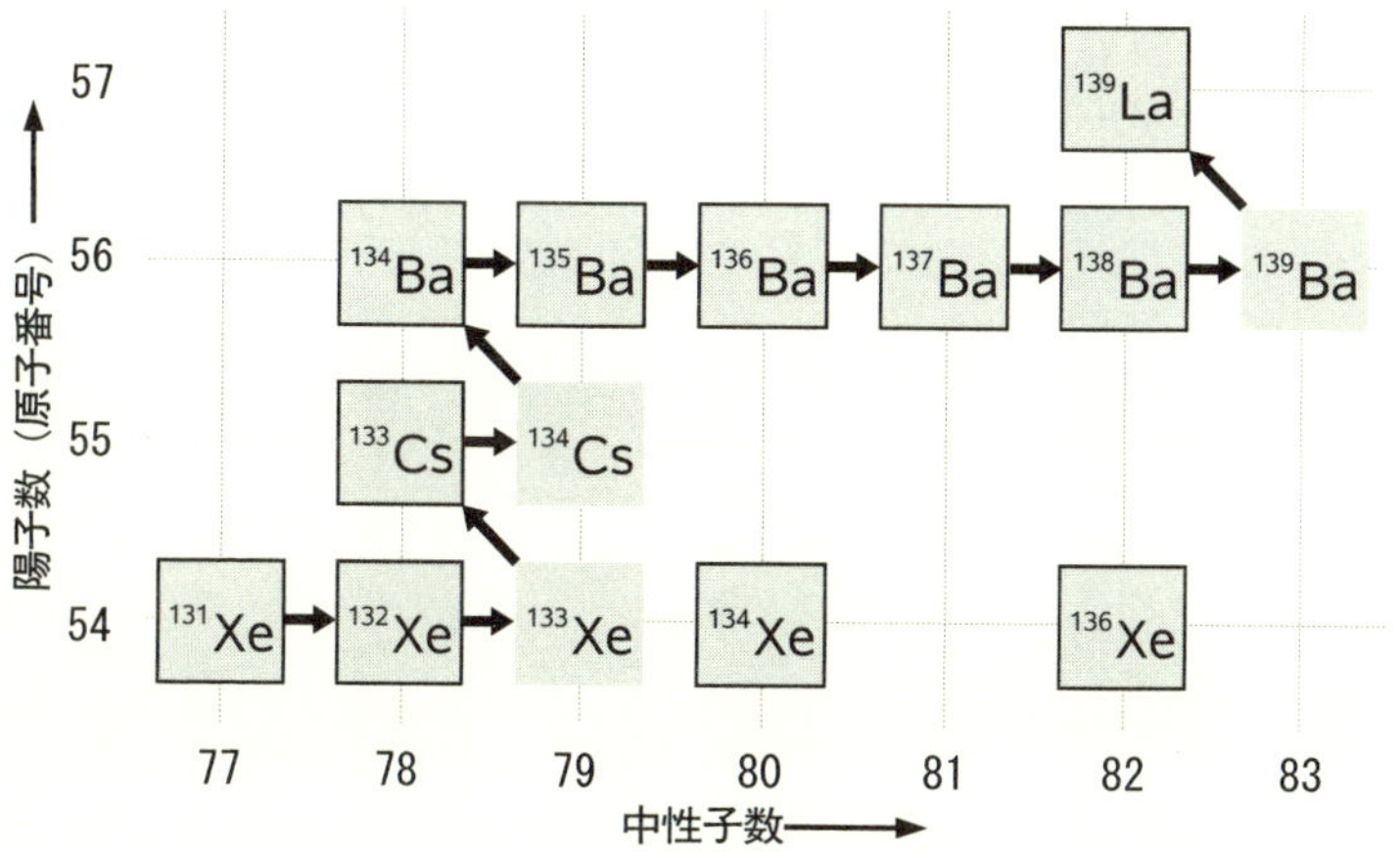

セシウム（Cs）、バリウム（Ba）、ランタン（La）が合成されるところです。図では、安定同位体を枠で囲んで示してあります。セシウムは質量数一三三（陽子五五個、中性子七八個）の同位体（^{133}Cs）しか存在しません（それ以外は不安定ですぐに崩壊してしまいます）が、キセノンとバリウムにはそれぞれ九個と七個の安定同位体があります。この図では、それらの同位体の一部を示しています。右に行くほど中性子数が多い（質量数の大きな）同位体です。

この図では、まず質量数一三一のキセノン（^{131}Xe）が中性子を捕獲し、^{132}Xeになります。できた^{132}Xeはさらに中性子を捕獲して^{133}Xeをつくります。しかしこの同位体は不安定（寿命約五日）なのでまもなくベータ崩壊を起こします。その結果、中性子数がひとつ減って、陽子数がひとつ増えますので、図の上では左上の^{133}Csに変わります。^{133}Csは安定なので、やがて中性子を捕獲して、^{134}Csになります。しかしこの同位体は不安定（寿命約二年）なので、ベータ崩壊を起こして左上の^{134}Baになります。これが中性子を捕獲して、^{135}Ba、次いで^{136}Ba、^{137}Ba、^{138}Baをつくります。^{139}Baは不安定なので、ベータ崩壊によって次の元素（原子番号五七番のランタン）になります。このような反応によって、鉄より重い元素が合成されます（なお、この図では^{131}Xeが出発点になっていますが、一連の反応はその前から続いています）。

ところが、この図には、上の反応経路上にないキセノンの同位体、^{134}Xeと^{136}Xeが存在します。どちらも安定同位体で、地上にも一定の割合で存在しています。これらの同位体を合成するには、別の合成過程が必要になります。これらの同位体の存在は、後述の爆発的元素合成によって説明されます。

中性子の魔法数と太陽系組成

さて、こうして中性子捕獲と、ベータ崩壊を繰り返すことによって、重い原子核が合成されていきますが、原子核中の中性子の数がある決まった数になると、その原子核が非常に安定になる場合があります。この中性子の数は魔法数とよばれ、五〇、八二、一二六という数字が知られています。魔法数の存在は、原子核の構造によるもので、原子核は単に陽子と中性子が一様に詰まっているのではなく、殻（シェル）状の構造を持っているととらえることができることを示しています。このあたりの事情は参考文献②に詳しく紹介されていますので、興味を持たれた方はぜひご覧いただきたいと思います。

中性子数が魔法数にあたる原子核としては、質量数八八のストロンチウム（$^{88}\mathrm{Sr}$：中性子数五〇、陽子数三八）、同一三八のバリウム（$^{138}\mathrm{Ba}$：中性子数八二、陽子数五六）、同二〇八の鉛（$^{208}\mathrm{Pb}$：中性子数一二六、陽子数八二）があります。

さて、「中性子の数が魔法数にあたる原子核が安定になる」ということは、その原子核がさらに中性子を捕獲して重い原子核をつくる反応が遅くなるということです。つまり、反応の流れがその原子核でせきとめられることになるので、ダムに水がたまるように、反応終了後にその原子核が豊富に残されることになります。

そのことを知った上でもう一度太陽系の組成比のグラフ（図4-1・八三ページ）をみてみましょう。少し細かくてみづらいかもしれませんが、$^{88}\mathrm{Sr}$、$^{138}\mathrm{Ba}$、$^{208}\mathrm{Pb}$の組成が、周囲の原子核に比べて高くなっている様子がわかるでしょう。このように、太陽系の重元素組成は、原子核の構造の特徴を色濃く反映しているのです。

ところが、お気づきかと思いますが、太陽系の組成比のグラフには、これらのピークの左隣に、やや緩やかな組成のピークがみられます。ゲルマニウム（Ge：質量数約八〇）、キセノン（Xe：同約一三〇）、プラチナ（Pt：同約一九〇）のあたりです。これらのピークの存在は、どう理解したらよいのでしょうか。

爆発的元素合成

ここまで考えてきた重元素合成過程は、中性子捕獲とベータ崩壊が順次起こっていくような場合でした。つまり、中性子が捕獲されて、重い不安定同位体が合成されると、中性子が陽子に転換されて新しい元素に変わるという反応です。

しかし、大量の中性子が一気に供給され、しかも反応の起こりやすい環境が整うと、どういうことが起こるでしょうか？　不安定な同位体、といっても、ある程度の寿命を持っています。仮にその寿命がわずか一秒であったとしても、その寿命のうちに次の中性子を捕獲することができれば、もっと重い同位体をつくることが可能です。環境によっては、不安定原子核を次々とつくり出していくような反応も可能なのです。

このような極端な環境が、天体のなかでは実現されていると考えられています。重い星が進化の最期に起こす超新星爆発は、そんな天体のひとつとみられています。

こういう極端な環境は、長く持続できるわけではありません。超新星のモデル計算によれば、中性子捕獲反応が起こるのは、せいぜい数秒間でしかありません。わずか数秒で、金や鉛、ウランといった重い元素を一気につくり出してしまうのです。このような反応は「速い中性子捕獲過程」（r―プロセス：rはrapid〔速い〕の頭文字）とよばれます。これとの対照で、中性子捕獲反応とベータ崩壊が順次起こるような反応は「遅い過程」（s―プロセス：sはslow〔遅い〕の頭文字）とよばれます。

爆発的な中性子捕獲反応が終了すると、不安定な原子核は直ちにベータ崩壊を起こします。私たちが観測する最終結果は、ベータ崩壊が終了し、安定な原子核に落ち着いてしまってからの元素組成になります。

さて、このような爆発的な中性子捕獲過程でも、中性子の魔法数は有効です。しかし、安定原子核をたどって反応が進む場合（「遅い過程」）とは全く異なる経路で反応が進んでいきます。例えば、「遅い過程」の場合には、中性子数が一二六個になるのは、質量数二〇八の鉛（^{208}Pb）でしたが、「速い過程」の場合は、原子番号が七〇番前後（質量数が一九〇余）の同位体です

（これは反応の環境によって少し変わりえます）。反応終了後には、この同位体に含まれる一二六個の中性子のうち、数個が陽子に変わって、そのぶんだけ原子番号の大きな元素になります。こうして、組成のピークは、プラチナ（原子番号七八）あたりになると予想されます。

実際、太陽系組成のグラフをみてみると、プラチナ付近に組成のピークがありますね。同じように、ゲルマニウム（Ge）、キセノン（Xe）にみられる組成のピークも説明されます。「速い過程」では、中性子を一度にたくさん捕獲してから、その一部が陽子に変わるため、組成のピークは、「遅い過程」でできるピークより、少し軽い同位体に現れます。

図4-2で説明したキセノンなどの合成過程の例で、質量数の大きなキセノン（^{134}Xeと^{136}Xe）の存在が説明されていませんでしたが、これらも「速い過程」の結果です。この場合、反応の最中には、もっと原子番号が小さく、中性子の多い同位体が一気につくられます。つまりその反応経路は、図でいうとずっと下のほうを通っています。数秒で中性子捕獲反応は終了し、不安定な同位体はどんどんベータ崩壊を起こします。つまり、図の右下から左上にむけて新しい同位体が次々とつくられ、安定な同位体のところでとまります。^{134}Xeと^{136}Xeはこのようにしてつくられたのです。なお、質量数の小さなキセノン（図の^{131}Xe、^{132}Xeなど）も同じように「速い過程」でもつくられます。つまり、これらの同位体は「速い過程」と「遅い過程」のどちらでも合成されるのです。

少しややこしかったかもしれませんが、ここまでで理解しておいてもらいたいのは、以下の三点です。

①鉄などの原子核が中性子を捕獲することによって、重い元素は合成される。
②中性子捕獲過程には、大きく分けて、反応の速いものと遅いものがある。
③太陽系の同位体組成比には、それぞれの過程に対応する組成の特徴がみられる。

二〇世紀の原子核物理学の成功によって、太陽系の（あるいは地上の）重元素の大部分が、中性子捕獲反応によってつくられてきたことがわかりました。ではこれらの反応が、いったいどういう天体で起こっているのか、というのが天文学の課題となります。

進化の進んだ中質量星での反応

まず、「遅い過程」についてみてみることにしましょう。この過程は、中性子捕獲とベータ崩壊を繰り返して重い原子核を合成していく反応で、中性子は少しずつ、しかし長期間にわたって供給される必要があります。これは主として、質量の比較的小さな星（太陽より少し重い星。以下、「中質量星」）の、進化の進んだ段階に起こっていると考えられています。

このことを最初に明快に示したのは、一九五二年の、メリルによる観測でした。この観測では、進化の進んだ中質量星の大気中に、テクネチウム（Tc）という元素を見出しました。テクネチウムは、原子番号四三番で、鉄（同二六番）よりはずっと重く、銀（同四七番）よりは少し軽い元素です。

この元素は、実は安定な同位体が存在しておらず、元素の周期表のなかでずっと空白になっていましたが、一九三七年になって人工的に合成されました。初めて人工的につくられ、確認された元素なので、ギリシャ語の「人工の」という言葉をもとにテクネチウムという名前がつけられました（文献③）。

さて、安定な同位体を持たない元素が星の大気に発見されたことの意味は重大です。テクネチウムの同位体のなかで、比較的寿命が長く、しかも星のなかで合成される可能性があるのは質量数九九の同位体（^{99}Tc）で、その寿命は二〇万年ほどです。二〇万年というのは長いようですが、星の一生のなかではごく短い時間です（太陽の年齢は四六億年であったことを思い出しましょう）。つまり、発見されたテクネチウムは、その星のなかでごく最近になって合成され、それが表面に現れてきたのだと考えられます。

第3章でみたように、質量の小さな星が進化すると、赤色巨星とよばれる、大きく膨れた天

図4－3　終末期の中質量星の内部構造

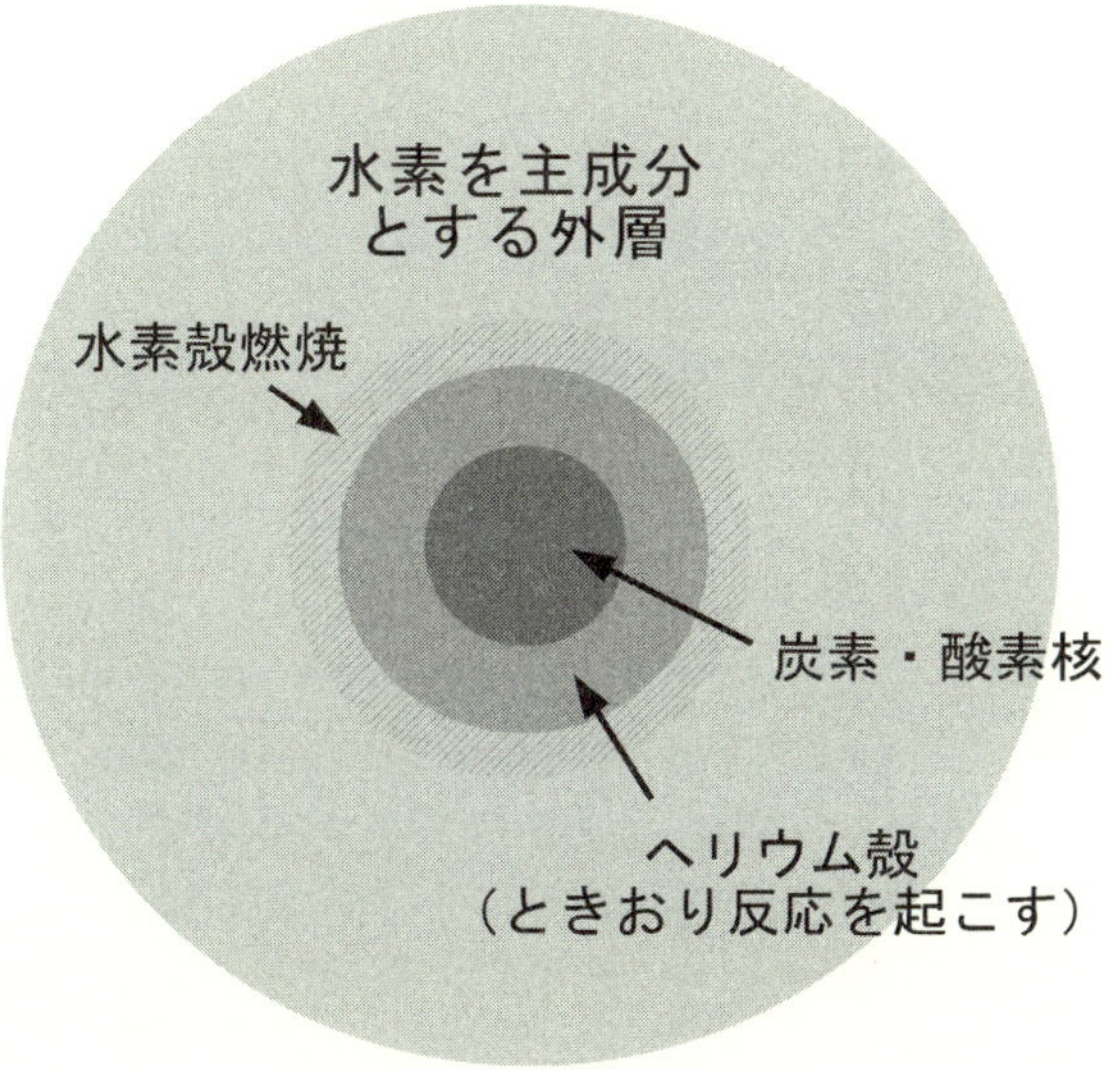

体になります。このとき、内部の核反応は、中心核のまわりの殻（シェル）で起こっています。特に、中心部でのヘリウムの反応（炭素の合成）を経て、進化の最終段階に入った星は、中心に炭素と酸素の核、その外側にヘリウムのシェル、そしてその外側に、水素を主成分とする外層を持つという、複雑な構造になります（図4-3）。

　この赤色巨星は、外層の底における水素の反応（ヘリウムの合成）によって輝きますが、その下層のヘリウムが蓄積されてくると、ヘリウムの反応に点火することがあります。この反応は長く続かず、せいぜい百年程度しか継続しないとみられています（これも第

3章で出てきたヘリウム・フラッシュの一種です)。その後は再び水素の核反応で星は輝きます。

このような内部構造の進化は、外から直接みることはできません。これまでによく理解されている物理法則にもとづいた、恒星のモデル計算から推測されたものです。もちろんそれらは、星の温度や明るさなどの、観測できる情報でチェックされます。

さて、重元素の話にもどりましょう。テクネチウムが発見されたのも、まさにこのような、進化の最終段階に入った星においてでした。つまり、重元素の合成が、ヘリウム・フラッシュと関係しているのではないかと考えられたわけです。

星の内部で重元素を合成するメカニズムについては、以来五〇年にわたって研究が進められてきました。これは星の進化の理論・観測両面からの研究、それと原子核物理学とがあいまったものです。

しかし、問題の要《かなめ》である、「中性子をどうやって供給するのか」という点については、いまだに十分な理解には到達していません。この問題は、重元素の起源を理解する上で重要というだけではなく、星の構造と進化の理解にとっても重要なテーマです。この段階の星の内部構造は、太陽などの落ち着いた星に比べるとかなり複雑であり、恒星の研究のなかでも重要な問題として残されているのです(コラム⑥参照)。

爆発的な重元素合成はどこで起こっているのか?

次は、「速い中性子捕獲過程」がどこで起こっているのか、という問題です。

この反応は、その性質——一秒程度の反応時間——からして、爆発的な現象が起こっているところが候補となります。宇宙のなかで爆発的な現象といえば、まずは超新星爆発があげられます。

超新星爆発を起こすのは大質量星ですが、そのなかでは比較的質量の小さな星(太陽質量の一〇〜二〇倍程度)は、爆発のあとに中性子星を残します。それより重い星は、ブラックホールを残すと考えられています。

大質量星の進化の最期では、中心部は非常に高密度になり、もはや通常の原子核すら支えきれないほどの圧力になります。すると、電子と陽子が結合させられて、電気的に中性な核子・中性子になります。この中性子のかたまりが、中性子星とよばれます。その質量は太陽の数倍程度ありますが、半径はわずか一〇キロメートルほどしかありません。したがって、密度は水の一〇〇〇兆倍、つまり角砂糖ほどの大きさで一〇億トンもの重さになります。

このような想像を絶する天体が、重元素合成には必要です。超新星爆発のあとに残される生まれたばかりの中性子星の表面は、超新星が放つニュートリノによって加熱されると考えられています。超新星の爆発エネルギーは莫大なものですが、それをはるかに上回るエネルギーが実はニュートリノによって放出されることがわかっています。このニュートリノが重元素合成の環境をつくり出すのに重要な役割を果たしているとみられています。

現段階では、このようなシナリオを直接的に裏付ける観測事実は得られていません。したがって、その他のシナリオ(例えば、中性子星が合体する際に起こる核反応など)も引き続き検討されています。

理論的なモデル計算から、つくられる原子核の組成を求め、それらが太陽系や恒星において測定されている重元素組成をうまく説明できるかどうかチェックする、という方法で研究が展開されています。実際にどのような天体で、また、どういうメカニズムで「速い中性子捕獲過程」が起こっているのかを理解することが、当面の最も重要な課題です。

重い元素の起源

以上みてきたように、鉄より重い元素は、原子核が中性子を次々と捕獲して重い原子核に成長していくことによりつくられます。その反応は、超新星爆発のような短時間で起こる激しい過程と、軽い星の進化の終末期に、内部でゆっくり起こる過程に分けられます。

ではこの章の最後に、身近な重い元素の起源について、いくつかご紹介しましょう。

●銅（原子番号二九）：鉄より少し重いこの元素は、多くは鉄と同時に超新星から放出されると考えられています。ただ、必ずしも現在の超新星モデルによって、これまでに観測された星の銅組成を十分説明できていないため、中性子捕獲反応によっていくらかの銅が合成された可能性も検討されています。

●銀（原子番号四七）：このくらい重い元素になると、ほとんどが中性子捕獲反応によって合成されます。銀は、超新星に関係するような「速い過程」と、もっとゆっくり反応が進む「遅い過程」の両方で合成されます。なお、前の節では「遅い過程」は中質量星内部で起こると説明しましたが、他にも大質量星の進化の過程で起こる場合があることもわかっています。「遅い過程」でつくられる元素全体からみると量的に多くはないのですが、銀についていうと、大質量星内部における中性子捕獲も無視できません。このように、銀を合成する過程は複数あり、その起源はいまだに十分解明されていません。太陽系の銀についていうと、約八〇パーセントが「速い過程」によってつくられたと見積もられていますが、この数値も今後見直される可能性があります。
●バリウム(原子番号五六):胃の検診のときにのむ「バリウム」は、この元素の化合物です(硫酸バリウム:$BaSO_4$)。この元素は、中質量星内部で起こる「遅い過程」によってたくさん合成されます。質量数一三八の同位体は、中性子数が八二という魔法数にあたりますので、周囲の同位体に比べてずばぬけてたくさんつくられます。一方、「速い過程」によってもある程度の量がつくられます。太陽系の組成に関していうと、約八五パーセントが「遅い過程」で合成されたものと見積もられています。胃の検診で「バリウム」を飲まれるときには、このバリウムがどこから来たものか、思いをはせてはいかがでしょうか。
●プラチナ(白金ともいう。原子番号七八)、金(原子番号七九):どちらも非常に重い元素で、プラチナについては同位体が複数ありますが、いずれもほとんどが「速い過程」、すなわち超新星のような爆発的元素合成によって合成されます。「遅い過程」でもいくらかつくられますが、太陽系の組成についていえば、どちらも約九五パーセントが「速い過程」で合成されたと考えられています。概して、いわゆる貴金属の類は「速い過程」でつくられる傾向があります。
●鉛(原子番号八二):安定な元素のなかでは、ビスマス(原子番号八三)についで重い元素です。「遅い過程」で多量につくられ、とくに中性子数が一二六という魔法数にあたる質量数二〇八の鉛(^{208}Pb)はたくさん合成されると考えられています。太陽系組成についていうと、約八〇パーセントが「遅い過程」でつくられ、残りが「速い過程」でつくられたと見積もられていますが、以下で述べるように、この値はまだ不確実です。「遅い過程」では、中性子捕獲によって鉛より少し重い原子核がつくられても、すぐに崩壊（アルファ崩壊、コラム⑧参照）して鉛にもどってしまいます。鉛は「遅い過程」による元素合成の終着点といってよいでしょう。最近いくつかの星で鉛の組成が測定されるようになってきていますが、原子核物理と星の進化理論が予測する組成と食い違う例もみつかっています。この元素の起源については、いまだ大きな問題が残されています。

•ウラン（原子番号九二番）：自然界に存在する最も重い元素で、一〇〇パーセント「速い過程」でつくられます。質量数二三八のウラン（^{238}U）は、半減期約四五億年ですので、地球誕生以来この元素は少しずつ減り続け、現在はちょうど当初の半分くらいになっているはずです。それでも、この原子核の寿命が長いおかげで、質量数二三二のトリウム（^{232}Th、半減期一四〇億年）とともに現在でも私たちは手にすることができるのです。鉛より重いこれらの原子核の存在は、「速い過程」が確実に存在することの証拠であり、その理解に重要な意味を持っています。

【コラム⑦】

放射性同位体を用いた星の年齢測定

古いものの年代測定には、放射性同位体を用いる方法がよくとられます。考古学でよく出てくる炭素同位体^{14}Cによる年代測定もそのひとつです。^{14}Cは寿命（半減期）五七三〇年の放射性同位体ですが、地球の大気上層部でつくられ続けており、大気や海水、そして生物の体内に一定量存在します。ところが生物の死後は^{14}Cの供給が止まり、徐々に量が減少していきます。^{12}Cや^{13}Cという炭素の安定同位体に比べて、^{14}Cが少ないほど古い年代のものである、ということになります。

地球の年齢を測るような場合には、寿命のもっと長い放射性同位体を用いる必要があります。地球の年齢測定に最も適しているのが、ウランだといわれます（^{238}Uは寿命約四五億年、^{235}Uは同じく七〇〇〇万年）。寿命の長いほうのウラン（^{238}U）と、寿命一四〇億年のトリウム（^{232}Th）は、宇宙初期に生まれたような古い星の年齢の測定に使える可能性があります。

本文で説明したように、ウランとトリウムは、重元素合成過程のうち、「速い中性子捕獲過程」とよばれる反応によってのみ合成されます。宇宙初期に生まれた大質量星が超新星爆発を起こすと、これらの放射性同位体も合成され、放出されたと推測されます。それらは次の世代の星の材料となりますが、その星の質量が小さければ現在まで生きのびて、重元素の含有量の少ない星（低金属星）として観測されます。したがって、低金属星のウランやトリウムの組成を調べることによって、初期の超新星爆発が起こってから現在までの時間を測定することが原理的には可能になります。そしてそれは宇宙年齢に近い値となるはずです。

実際にはいくつか難しい問題があります。ひとつは、放射性同位体を用いた年齢測定のためには、初期につくられた同位体組成を正確に知っておく必要があるということです。幸い、ウランとトリウムはどちらも「速い中性子捕獲過程」でのみつくられますし、原子核の質量数も近いので、この二つの元素の組成比は、「速い過程」の元素合成モデルでかなり正確に予測できると期待されます。ただし、これも何らかの観測によって検証される必要があります。

一方、ウランとトリウムは、他の元素に比べると量的には少なく、通常、星のスペクトルのなかでは他の元素のスペクトル線に埋もれてしまっています。最近の進歩は、「重元素全般の組成は低いのだが、『速い過程』でつくられる重元素だけは少なくない」という好都合な星がみつかってきたことです。これらの星は、重元素を合成した超新星爆発からの放出物質を何らかの理由で多量に取り込んだものとみられます。こういった星の詳しい解析によって、二〇〇一年に低金属星ではじめてウランの検出が報告されました（トリウムは他の星でも過去に検出例がありました）。その組成からは、一四〇億年（誤差二五億年）という年齢が得られています。誤差は少し大きいですが、これは宇宙年齢に対する独立な制限を与える結果です。

ウランやトリウムは、現在地球上に残っている最も重い元素として、合成過程自体が重要な研究テーマですが、年代測定への応用という点からも興味深い元素といえます。

【コラム⑧】

超重元素の探索

地球上に天然に存在している元素のなかで最も重いのはウラン（原子番号九二）、ついでトリウム（同九〇）です。どちらも放射性元素で、放っておくと鉛（同八二）に壊変してしまいます。安定な原子核としては、鉛やビスマス（同八三）が最も重く、それ以上の原子核は合成されても、遅かれ早かれ崩壊してしまいます。

本文（八四ページ）で説明したように、原子核を構成する陽子と中性子を結びつけているのは、「強い力」とよばれる特殊な力で、これは陽子や中性子がごく近くにあるときにのみ作用する引力です。一方、陽子どうしの間には、電気的な反発力が働きます。原子核中の陽子の数が多くなると（原子番号が大きくなると）、電気的な反発力の影響がだんだん大きくなり、原子番号の大きな元素はたくさんの中性子を含むことによって「強い力」を増し、原子核としてのまとまりを保ちます（中性子には電気的な力は作用しません）。実際、マグネシウムやケイ素などの軽い原子核には陽子数とほぼ同数の中性子が含まれていますが、鉛には陽子八二個に対し、一二二～一二六個もの中性子が含まれています。

ただそれにも限界があり、ビスマスより重い原子核は、合成されても核分裂を起こして軽い原子核に変わってしまいます。非常に重い原子核は、ヘリウムの原子核（陽子二つと中性子二つ）を放出する「アルファ崩壊」を繰り返して安定な（軽めの）原子核に落ち着くことがよくあります。

しかし、一時的にせよ、ウランより重い元素を人工的に作り出すことは可能です。これまでに、実験によって一一八番の元素が合成できたという報告があります。質量数（陽子と中性子の数の合計）は二九〇以上に達しており、これはウランよりも五〇以上大きな値です。このような原子核の寿命はごくごく短いので、その崩壊の様子を観測することによって、どれくらい重い原子核の合成に成功したか、間接的に調べられます。

こういった挑戦の先には、もっと寿命の長い超重元素の発見が期待されています。本文（八八ページ）でも説明しましたが、原子核中の陽子数や中性子数がある一定の数（魔法数）になると、原子核は安定になります。鉛の同位体^{208}Pbの陽子数は八二、中性子数は一二六で、どちらも魔法数にあたっているため、この同位体は非常に安定であり、そのおかげで重い元素にしては多量の鉛が存在するのです。

これまでによく知られている魔法数には五〇、八二、一二六があり、もっと大きな魔法数も存在すると類推されます。超重元素でも、陽子と中性子の数がそれにあたる場合には、例外的に安定になる可能性が十分あります。いずれこういった超重元素の合成が実現すれば、原子核の本質がより深く理解されることになるでしょう。

もしこのような超重元素を人工的に合成することができるならば、自然界がつくれない理由はありません。ウランやトリウムまで合成する「速い中性子捕獲過程」が極端に進めば、超重元素をつくってもおかしくないでしょう。地球上で天然に発見されないところをみると、宇宙でもそう簡単には超重元素は合成されていないとみられますが、特殊な天体の観測から超重元素が発見される日がくるかもしれません。

第 5 章　星における元素組成の観測

前章まで、宇宙における元素合成の概要を紹介してきました。これらの知識は、原子核という小さなものから、星の内部構造と進化、さらには銀河の進化という大きなものまで、二〇世紀において積み重ねられた研究の結晶といえます。そして、それを検証し、ときには研究の方向を切り開いてきたのが、星の元素（化学）組成の測定です。

星の組成を調べるといっても、当然ながら星に出かけて行ってサンプルをとってこられるわけではありません。太陽にだって行けるわけではありませんが、それでも太陽系の場合には、地球もその一員であるわけなので、地球の表面物質を分析すれば、ある程度のことはわかります。さらに、強力なのは隕石の組成分析です。隕石がもたらす情報は実に多彩であり、太陽系の起源を探る上で貴重な役割を果たしています。

では、遠く離れた星の元素組成を、いったいどうやって調べるのでしょうか。また、こういう観測から、本来は星の内部で起こっている元素合成について、どうやって知ることができるのでしょうか。この章では、天体観測の実際について紹介することにします。

星からの光の分光分析

天体に対しては、物質を直接手にとって調べることができないので、天体から私たちに届く

図5-1　電磁波の種類と波長

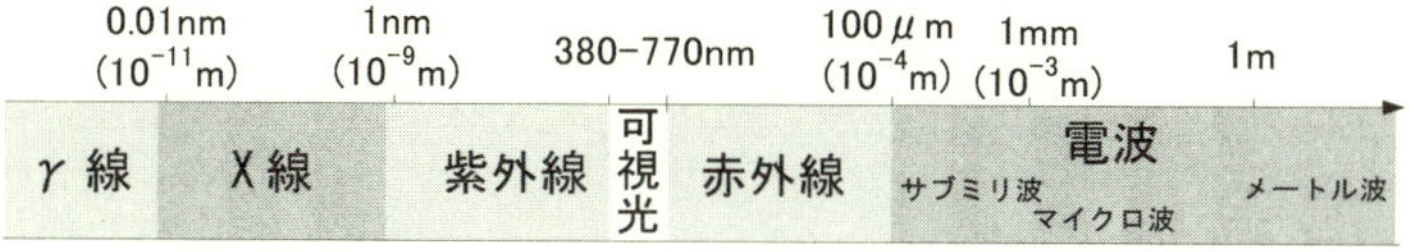

光を詳しく分析するしかありません。光の分析——それは光を波長に細かく分けることです。このような観測は、分光観測とよばれます。

私たちが目にしている光は、よく知られているように、波としての性質を持っています。光の色の違いは、波長の違いに対応します。波長の短い順に、紫から青、緑、黄色、赤というふうに色が変わっていきます。

私たちの目にすることのできる光（可視光）というのは、実は電磁波の一部です（図5-1）。可視光より波長の短い電磁波は、順に紫外線、エックス線、ガンマ線とよばれます。波長の長い電磁波は、赤外線や電波です。

ちなみに、可視光は、光の波長でいうと〇・四から〇・七ミクロンくらいになります（一ミクロンは一ミリメートルの一〇〇〇分の一）。この範囲は、実は太陽が最もたくさんのエネルギーを電磁波として放っている波長域です。人間を含め、多くの生物の目がこの波長域の光を感じるようになったのは、おそらくこのためだといわれています。

さて、天体から届く光には、いろんな波長の光が混じっています。これを分解して、どの波長の光がどのくらいの強さなのかを調べるのが、分光分析（分光学）です。まず、光を波長（色）ごとに分解する道具としておなじみなのは、プリズムです。プリズムは、波長によって屈折率が異なることを利用して、入ってきた光を波長ごとに違う場所に投影します。そこに検出器を置いて光の強さを測定すれば、波長ごとの光の強さを知ることができるのです。

より詳しく光を波長に分解するには、プリズムにかわって回折格子《かいせつこうし》とよばれる道具が使われます。これは、細かく溝を刻んだ板で、これにあたった光は、波長によって異なる角度に反射されます。

こうして波長ごとに光の強さを記録したものを、光のスペクトルとよびます。図5-2に、太陽の可視光のスペクトルを示します。横軸が光の波長、縦軸が光の強さです。太陽からの光の場合、波長〇・五ミクロン程度で最も光が強くなっていることがわかります。

スペクトルから何がわかるか

白熱灯の光のスペクトルを口絵3aに示します。空にかかる虹のように、いろいろな色がみえますね。これは白熱灯の光がさまざまな波長の光を連続的に含んでいるためです。このような光を「連続光」とよびます。

図5－2　太陽のスペクトル
水素とナトリウムの吸収線を矢印で示した（117ページ参照）。

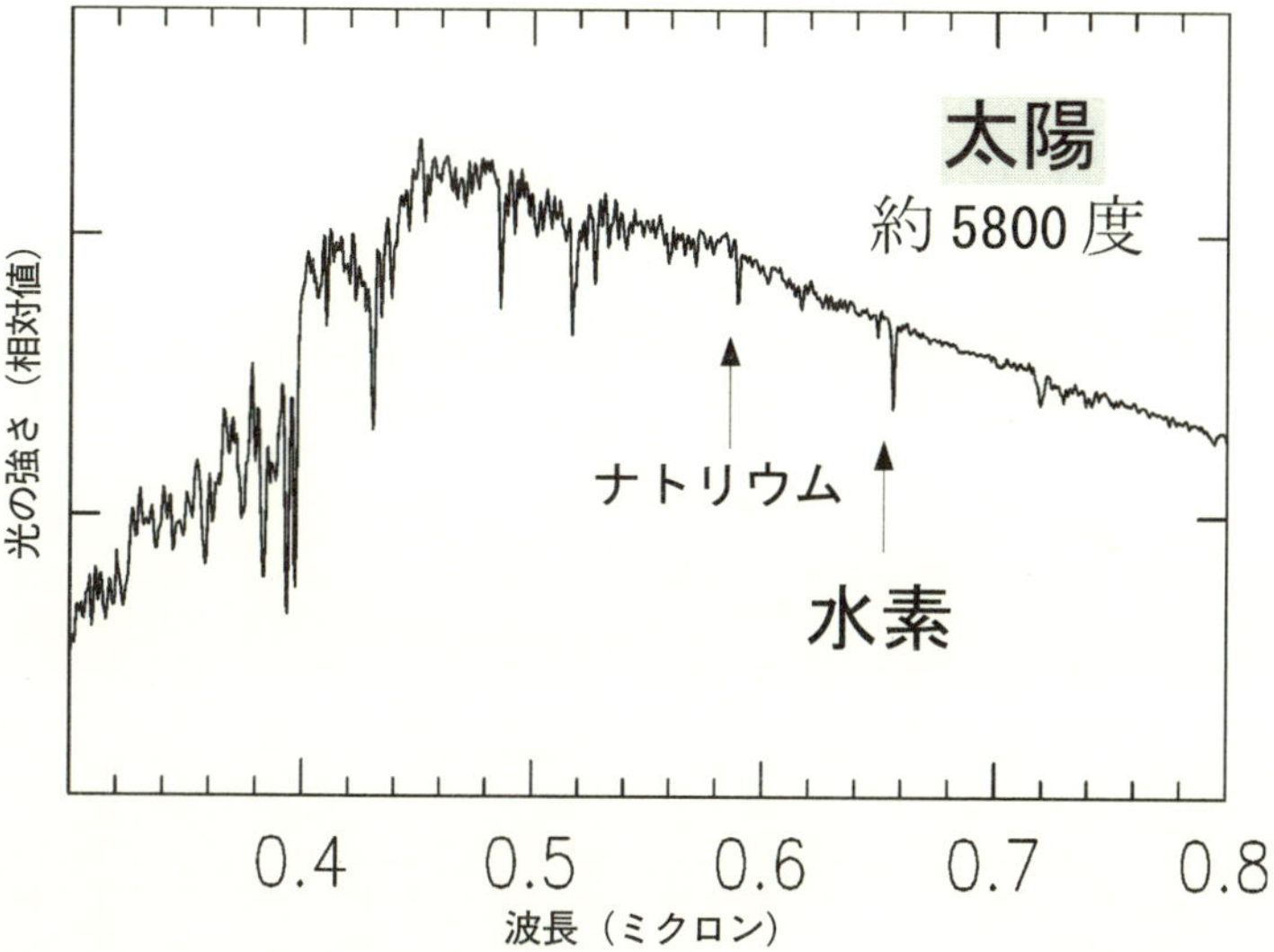

白熱灯の温度を上げると、全体として波長の短い（青色の）光が強くなります。逆に温度を下げると波長の長い（赤色の）光が強くなります。この性質から、光を波長に分けることによって、物質の温度を見積もることができます。後で星の温度とスペクトルの関係について説明します。

次に、水銀灯のスペクトルを口絵3bに示します。白熱灯の場合とはだいぶ様子が違います。水銀灯の場合は、特定の色（波長）の光だけが強く光っています。スペクトルの上で、その輝きが線状にみえることから、これらは「輝線」とよばれます。どうして輝線が現れるのでしょうか。

第1章で説明したように、原子は中心部の原子核と、そのまわりをまわる電子から構成されています（図1-5・二七ページ）。その電子はさまざまなエネルギーを持っていて、電子が高いエネルギー状態から低いエネルギー状態に移ると、その分のエネルギーを光として放出します。直感的には、外側の軌道をまわっていた電子が内側の軌道に飛び移ったと考えるとわかりやすいと思います。

おもしろいことに、この軌道は好きなだけたくさんとれるのではなく、原子ごとにある決まった間隔でしか存在しないということです。これは原子の内部のような小さな世界に適用される量子力学の特徴のひとつですが、この性質によって、放射される光の持つエネルギーは何通りかに限られることになります。光のエネルギーは波長に対応しますので、水銀の電子のエネルギー状態の変化によって放射される光は、特定の波長に限られます。口絵3bにみられるように、水銀は紫〜青色のあたりに一本、緑色のあたりに一本、黄色のあたりに二本の強い輝線を放ちます。弱い光まで含めれば、その本数はかなり多数になります。

水銀灯は、水銀を封入した管に電圧をかけ、放電によって水銀の持つ電子をエネルギーの高い状態に持ち上げます。この電子が低いエネルギー状態に移る際に発光するのです。

そして、元素ごとに、放射される光の波長は違っています。口絵3cにはヘリウムガスのスペクトルを例として示しました。水銀の場合と比べて輝線の本数や位置が異なるのは、元素ごとに、原子のなかの電子のとりうるエネルギーが違うためです。このため、放射される光を調べれば、そのなかにどのような元素があるのか、見分けることができるのです。

例えば、口絵3dには、ふだん部屋の照明に使われている蛍光灯のスペクトルを示しました。白熱灯のように、虹のようにさまざまな色の光もみえていますが、目立つのは何本かの輝線です。水銀灯と比べてみると、輝線の位置が一致しているのがわかります。このことから、蛍光灯のなかには水銀が含まれていることがわかります。

なお、「元素はそれぞれ特有の波長の光を発する」と説明してきましたが、正確には、「化合物は」というべきです。例えば、原子が複数個結合した分子は、個々の原子の場合とは全く異なる波長の光を発します。

このように、光のスペクトルを調べて、含有物質を探る方法を分光分析とよびますが、この手法は、化学実験でも重要な手段です。実際、一九世紀には、この手法によって新元素が相次いで発見されました。

星の温度とスペクトル

この分光分析を天体からの光に適用したのが、一九世紀のセッキでした。これらは当時、全く新しい種類の観測データでしたので、まず行われたのは、星のスペクトルの分類でした。その分類作業と星の理論研究を通して、やがて星のスペクトルの基礎にある星表面の性質が理解されるようになってきました。

星からの光のスペクトルの全体的な形を調べると、星の温度を知ることができます。一般に、温度の高い物質からは波長の短い光が放射されます。可視光の範囲でいうと、青い色になります。

星のなかには、太陽よりもずっと表面温度の高いものがあります。太陽の表面温度は約五八〇〇度ですが、例えば、オリオン座β星（リゲル）の表面温度は約一万度です。太陽の色はだいたい黄色ですが、リゲルは青色にみえます。

温度の高い星のスペクトルの例を図5-3aに示します。太陽のそれに比べると、波長の短い光が強いことがひと目でわかります。

逆に、温度の低い星は波長の長い光が強いのが特徴的です（図5-3b）。例えば、オリオン座α星（ベテルギウス）や、さそり座α星（アンタレス）は、よくみるとかなり赤くみえるはずです。これらの星の表面温度は四〇〇〇度以下で、太陽よりもだいぶ低温です。このくらい低温になると、星の大気中で分子が形成され、その吸収スペクトルが顕著になってきます。これらの星は、温度が低いだけでなく、かなり進化が進んで大きく膨張しているため、赤色超巨

図5－3　高温度星と低温度星のスペクトル
低温度星にみられる光の強弱は、星表面にある分子の吸収による。

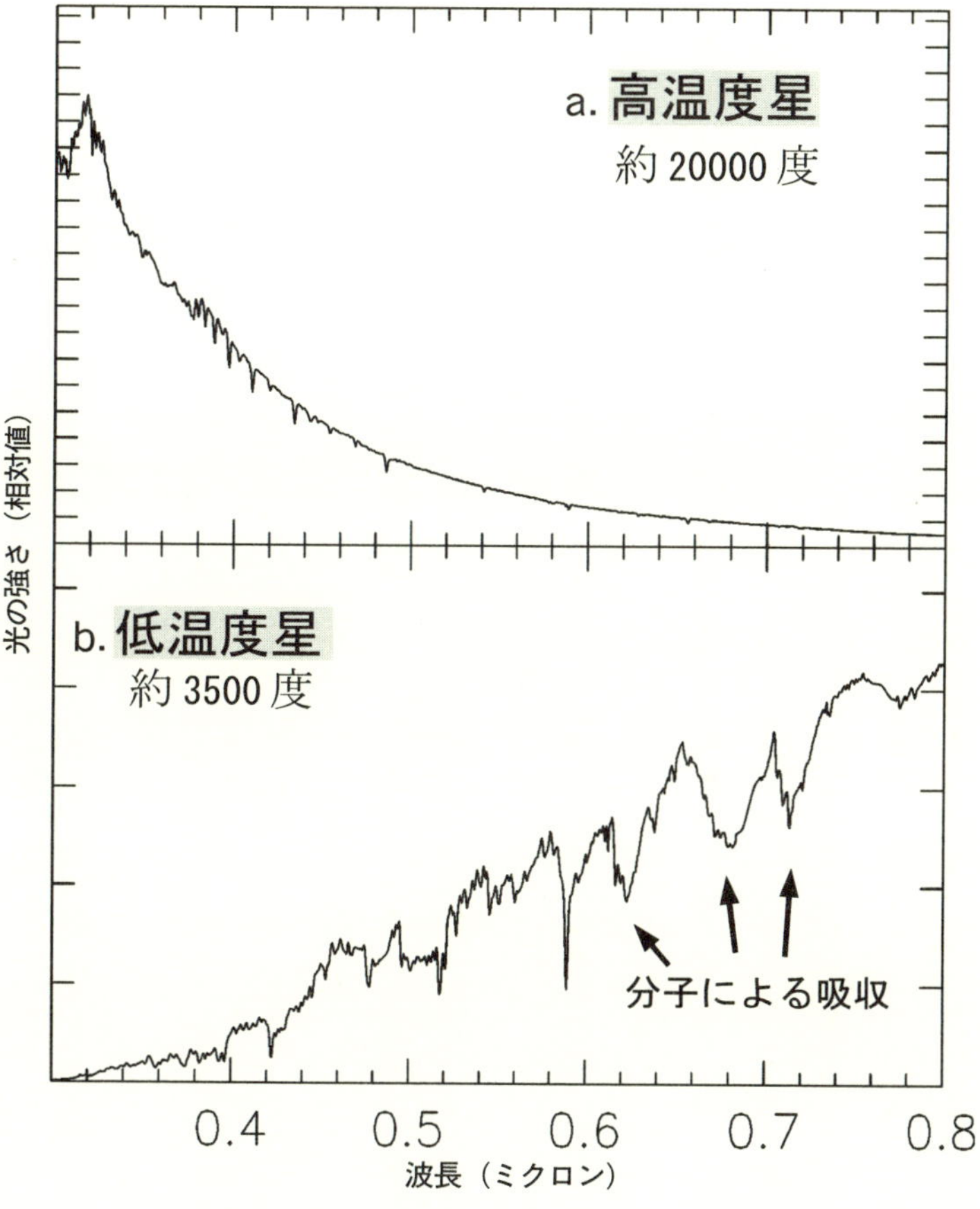

星とよばれています。

スペクトルから組成を調べる

さて、話を組成の測定に進めます。

これまで、「星からの光」と漠然とよんできましたが、実際に私たちが目にすることができるのは、星の表面だけです。地球の表面のガスを大気とよんでいるのと同様に、星の表面のことも大気（恒星大気）とよびます。

地球の場合と違うのは、地球の大気は、地表や海面によって底が明確に決まっているのに対し、太陽のような星は内部までずっとガス状になっていることです。そこで、大気の底というのは、ガスが不透明になって光で見通せなくなる深さのことをいいます。

さて、星の内部から放射された光は、星の大気中の物質によって吸収されます。星の表面物質の大半は水素ガスです。地球上の水素ガスは、水素原子が二つくっついた分子の気体ですが、太陽表面のように温度が高いところでは、水素原子の気体になっています。

この水素原子に光があたると、水素原子のまわりをまわる電子が、原子のなかでのエネルギーの高い状態に移ることもあります。直感的には、内側の軌道をまわっていた電子が外側の軌道に飛び移ったと考えることができます。この際に、光はこの水素原子に吸収されてしまいます。

先ほど水銀灯について説明したのと同じく、水素原子のなかの電子がとりうるエネルギーは、とびとびの値を持っています。ただ、先ほどとは状況はちょうど反対です。先ほどは水銀の電子がエネルギーを失って光を放射するという話でしたが、今度は水素原子のなかの電子が光の吸収によってエネルギーを得るということになります。この場合にも、水素原子によって吸収される光は、いくつかの特有の波長を持つことになります。(注)

(注) 光の吸収によってエネルギー状態が高くなったとすると、そのエネルギーが失われる際に同じように光を放射して、光の吸収を打ち消してしまうのではないか、と思われるかもしれません。しかし、放電管の場合とは違って、星の大気中では、高いエネルギー状態の水素原子は、他の水素原子や電子との衝突によってすぐにエネルギーの低い状態に戻ります。星の大気のなかでは、このように粒子の衝突による平衡状態（熱力学平衡）が概ね成り立っています。

一一一ページの図5-2の太陽のスペクトルのなかで、〇・六五ミクロンあたりに、光の弱い部分がみえます。これは水素原子のなかの電子のエネルギー状態が変化することによって起こる光の吸収です。スペクトルの上では、この吸収が線状にみえることから、「吸収線」とよばれます。

以上、水素の例を紹介してきましたが、同様のことは他の元素についてもいえます。ただし、吸収する光の波長は、元素によって異なります。例えば、図5-2の太陽スペクトルのなかで、〇・五九ミクロン付近にみえる線は、ナトリウムによる光の吸収です。

このように、元素によって吸収される光の波長が異なるため、星の光を分析すれば星の大気にどのような物質が存在しているのか、調べることができます。さらに、吸収の強さを丁寧に調べることにより、その物質の量を見積もることができます。

正確な量の見積もりのためには、星の大気の物理状態（温度や密度）をよく理解しておかなければなりません。星の大気の構造を記述するモデルの構築は、一九六〇年代以降精力的に進められました。そして、いくつかの簡単な仮定のもとに、熱力学などの確立された物理法則から出発した理論モデルが構築され、太陽などのスペクトルをかなりよく説明できるまでになってきています。この大気モデルを、未知の星のスペクトルの解析に適用することによって、その星の組成を調べるのです。

星の大気の組成から元素合成の歴史に迫る

以上は、星の表面の組成を調べる方法の話です。次に、星の表面の組成解析から、どうやってビッグバンや星の内部での元素合成について知ることができるのか、説明します。

星のなかで新たに合成された元素は、星の表面からの物質の放出や超新星爆発によって星間空間にばら撒かれます。星のなかでどんな元素がどのくらい合成されているのかを調べるには、それぞれの星から放出されたガスの組成を直接調べられれば一番よいのですが、それは容易なことではありません。

組成をきちんと調べるには、まずはその天体の性質（温度、圧力の状態など）をよく理解していなければなりません。しかし、爆発を起こした直後の天体の構造や、物質を放出しているさなかの星の表面の状態は複雑で、その解明自体が現在の天文学の重要な研究課題です。

現時点では、物質の組成（元素の組成）を調べるのには、太陽のような、比較的落ち着いた状態の星の表面（大気）を調べるのがもっとも確実な方法です。先ほど述べたように、太陽と似たような星の大気については、その基本的な性質がすでに確立されている物理法則によってよく理解されているからです。

太陽のような星の表面は、その星が誕生したときの元素組成をほぼ保持し続けています。つまり、星の表面の組成を調べることによって知ることができるのは、かつて星を生み出した星間ガスの組成だということになります（ただし、その後星の内部で進んだ元素合成の結果が表面に現れてくることもあるので、その点には常に注意をはらう必要があります）。

さて、第2、3章でみたように、宇宙が生まれたときには、水素とヘリウムしかなく、そのほかの重い元素は、宇宙の進化のなかで徐々に増えてきました。このことから、大雑把にいえば、誕生した時期が遅い星（若い星）ほど、水素とヘリウム以外の重い元素を多く含んでいるということが期待されます。逆に、宇宙のはじめのころに生まれた星（非常に古い星）は、重い元素をほとんど含んでいないことになります。このように、重い元素（天文学では「金属」と総称します）をわずかしか含まない星を、以下、低金属星とよぶことにします。

図5-4には、二つの星について、青領域の光のスペクトルを示しました。図5-2や図5-3に比べると、かなり波長を細かく分けて示しています（一ナノメートルは一ミクロンの一〇〇〇分の一）。上は私たちの太陽です。下は宇宙初期に生まれ、重い元素をほとんど含まない星です。どちらも大気の温度は同じくらい（約五八〇〇度）です。中央の水素による吸収線は同じくらいの強さを持ちます。これは、重元素の量にかかわらず、水素はどちらの星にも同程

図5－4　太陽と低金属星のスペクトル

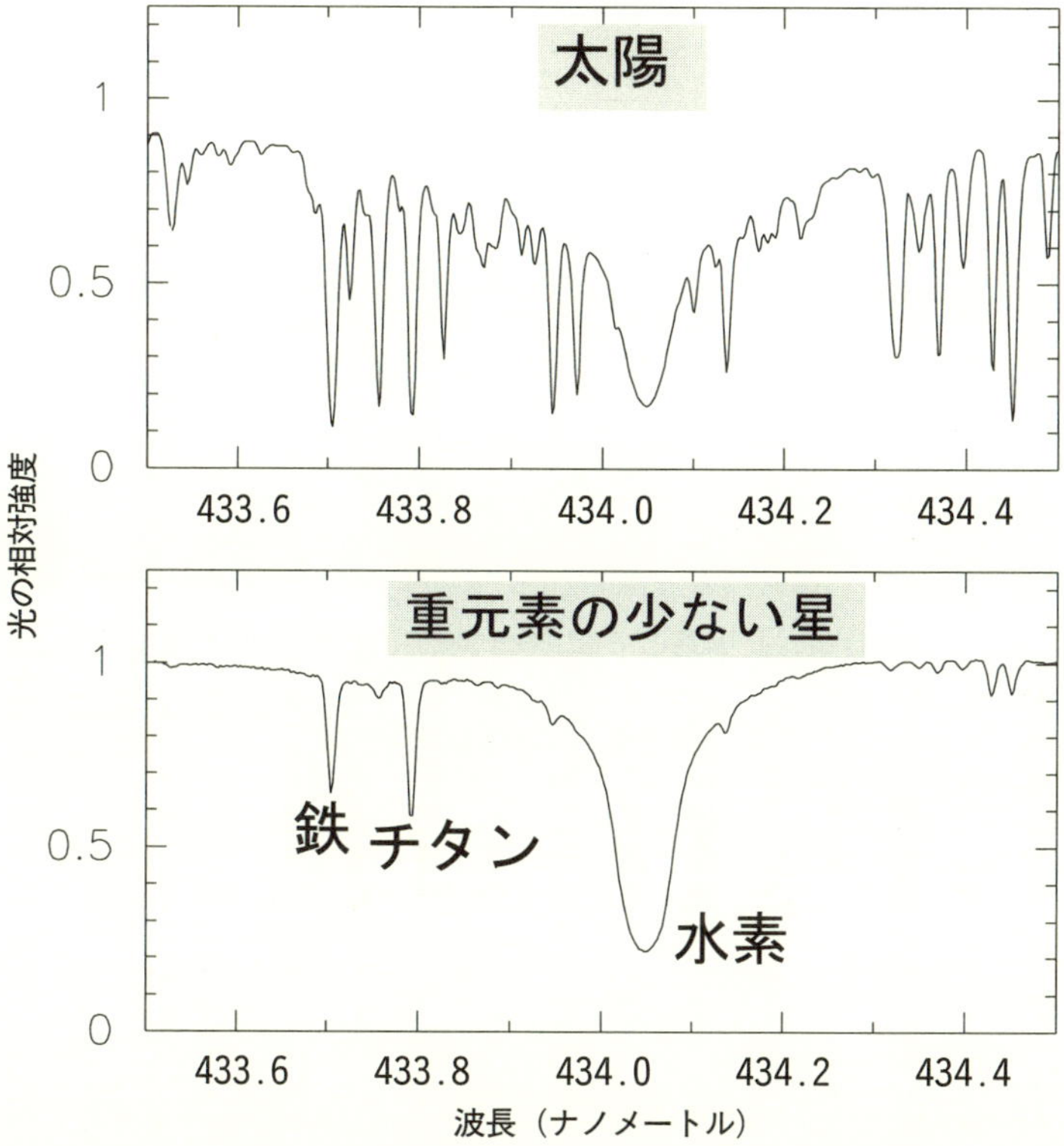

度あるからです。

太陽には、その他にも吸収線がたくさん現れています。これらはすべて鉄などの重い元素によるものです。これに対し、下の星では、わずかに鉄とチタンによる吸収線がみえているだけです。このようなデータを解析することにより、この星の鉄の組成は、太陽の三〇〇分の一程度しかないことがわかっています。

一つひとつの元素合成の過程を調べる

太陽のように、重い元素を豊富に（といっても水素やヘリウムに比べるとわずかですが）含む星には、何世代にもわたる、さまざまな質量の星の元素合成の結果が蓄積されています。

これに対し、宇宙の比較的初期に生まれた低金属星は、その背負っている元素合成の歴史が浅く、ごく少数の元素合成過程によってつくられたと考えられます。

すなわち、低金属星は、一つひとつの元素合成の過程の結果を色濃くとどめていることになります。これらの低金属星を丁寧に観測して、組成を測定すれば、個々の元素合成過程の理解の上で、貴重な情報を得ることができるのです。究極的には、宇宙の第一世代の星をみつけることができれば、ビッグバンによる元素合成の結果だけを取り出して調べることも可能なはずです（第6章参照）。

低金属星をたくさん調べていくと、なかには、一部の重い元素だけが特別に多い星がみつかることがあります。多い、といっても、重い元素全体が非常に少ないなかで、相対的に多い、という話です。このような現象は、一部の元素を大量につくり出す星がかつて存在し、その星が放出したガスのなかから新たに星が誕生したためと解釈されています。

つまり、初期世代の星による元素合成の結果が、別の（質量の小さな）星の表面に記録されているわけです。この意味で、現在観測されている低金属星は、太古の宇宙における元素合成の結果の化石のようなものです。そして、金属量が低い星ほど、古い地層の化石、つまり宇宙の初期の元素合成を記録していると考えられます。

第4章で紹介したように、鉄よりも重い元素は、重い星が超新星爆発を起こす際に一瞬にしてつくられる成分（「速い過程」の成分）と、比較的軽い星の内部でゆっくりつくられる成分（「遅い過程」の成分）からなると考えられています。簡単におさらいしておくと、前者は超新星のような爆発的な環境における元素合成で、金、プラチナのような貴金属やトリウム、ウランなどの放射性元素をつくります。後者は主に進化の進んだ中程度の質量の星のなかで起こる元素合成で、バリウムや鉛のような元素をつくるのが特徴です。これらの元素合成の結果を見事に示す低金属星が、最近みつかってきています。

図5-5に示したのは、それぞれの特徴をよく示す、二つの代表的な星の元素組成です。これらの星の重い元素全体の量は、太陽の五〇〇分の一から一〇〇〇分の一程度で、いずれも銀河系の歴史のごく初期に誕生した、古い星です。しかし、図に示したようなより重い元素（バ

リウムから鉛まで）については、太陽系の数分の一程度の量があります。この事実は、重元素を合成した天体（超新星爆発や進化の進んだ星）の影響を強く受けたことを意味しています。

実線は、理論的な計算から予測される「速い過程」と「遅い過程」による元素の組成比です。理論的な計算というのは、実験から得られた原子核の反応率を用いて、コンピュータで原子核反応を計算してみた結果のことです。ここで示した計算は、太陽系の組成をうまく説明できるように調整されたものです。

ここでは、みやすいように、計算によって得られたバリウムの組成を星のバリウム組成にそろえて、データを重ねて示しました。上の星の観測点が、「速い過程」の理論計算から予測された組成パターンとよく一致し、下の星の観測点が、「遅い過程」の計算からの予測にまあまあ一致していることがわかります（太陽の元素組成をこの図にプロットすると、これらの理論予測のだいたい間くらいにきます。これは太陽の重元素は、「速い過程」と「遅い過程」の両方でつくられているからです）。

ここで示した二つの星は、個々の過程の結果がほぼ純粋に星の表面に保存された、たいへん貴重な例であるといえます。このような星が、一九九〇年代から続々と発見され、重元素の合成過程の研究に、非常に有意義な情報をもたらしています。

例えば、この図からだけでも、以下のようなことがわかります。図をもう少し詳しくみてみ

図5-5　重元素合成の結果が顕著にあらわれた星の組成の例

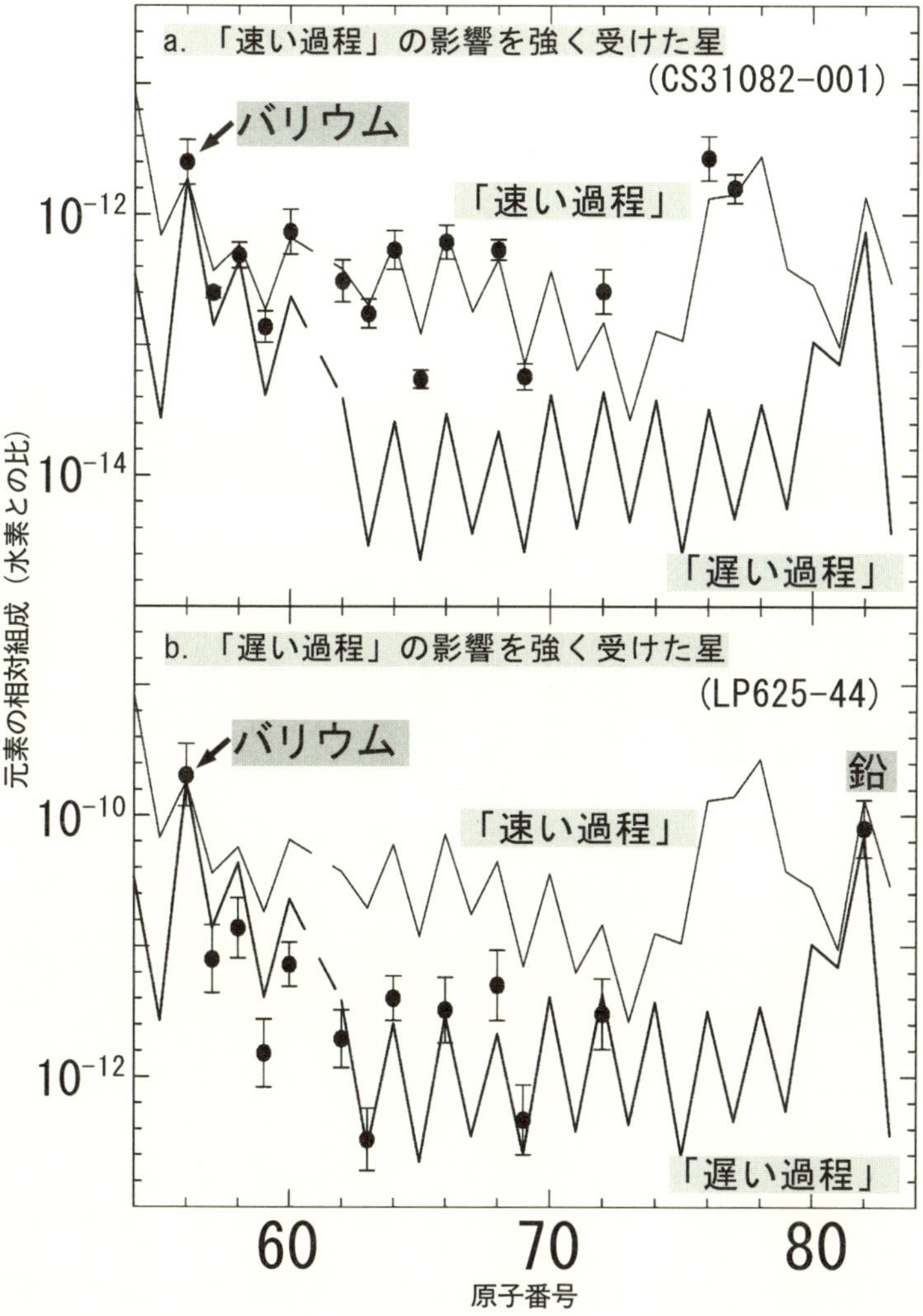

ると、上の星の組成は「速い過程」についての計算結果と本当によく一致しています。計算された元素組成比は、太陽系の重元素組成を説明できるように調整されたものであることを思い出しましょう。すると、「速い過程」でつくられる物質は、非常に古い星においても、太陽系においても、とてもよく似た組成を持っているということになります。つまり、銀河の長い歴史を通して、「速い過程」(おそらく超新星爆発時の元素合成)は、常に同じような割合で重元素をつくってきた、ということを示唆しています。もちろん、たった一個の星と太陽系の組成の比較だけから結論を出すことはできませんが、同様の観測例が最近いくつもみつかってきており、爆発的な重元素合成の理解に非常に強い制限を与えています。

これに対し、下の星の組成と「遅い過程」についての計算結果の一致は、それほどよくはありません。このことから「遅い過程」については、元素合成の環境に応じてバリエーションがあることが示唆されます。このことは、他の天体の調査からも確認されていますし、詳細は省きますが、原子核反応の理論からも予測されていることです。

このように、個々の元素合成の特徴を色濃くとどめた低金属星を発見し、元素組成を丁寧に調べることによって、元素合成の過程そのものを理解するためにたいへん有益な情報を得ることができます。

銀河の進化のなかで

一方、銀河系のなかで、どのように重元素が蓄積されてきたのか、という歴史についても、星の組成解析から調べることができます。

時間の経過とともに重い元素が増えてきたといっても、すべての元素が太陽系の組成比と同じように増えてきたのではありません。図5-6には、例として、鉄と酸素の組成比を私たちの銀河系のなかの星に対して調べた結果をプロットしています。ここで示したのは、前の節で議論したような特殊な星ではなく、ほとんどがいわば普通の（平均的な）組成を持った星です。

図の左下のほうは、鉄も酸素も少ない低金属星です。右上は、太陽系と同程度に鉄も酸素も増えた星です。低金属星は銀河系初期に誕生した古い星だと考えられますので、大雑把にいうと、図の左下ほど古い星、右上ほど若い星、ということになります。

もし、銀河系のなかで鉄と酸素が同じペースで増えてきたとすると、観測点は点線の上にのるはずです。しかし、低金属星では、観測点は点線より上側（あるいは左側）にあります。つまり、低金属星では、全体として、鉄に比べて酸素が過剰になっているのです。鉄の組成が太陽の一〇分の一くらいの星まではこの傾向が続きますが、それ以上になると、急速に鉄が増加して、太陽の酸素と鉄の組成比に至ります。

これらの結果は、以下のように解釈されています。第3章でみたように、酸素を合成するのは、もっぱら質量の大きな星です。質量の大きな星からは、超新星爆発時に鉄も放出されますが、酸素と鉄の比は、太陽系の値に比べると大きいことがわかっています。質量の大きな星の寿命は短く、誕生からわずか数百万～数千万年で超新星爆発を起こし、元素合成の結果を宇宙空間に還元します。つまり、宇宙の初期には、まずは質量の大きな星の影響ばかりが現れると考えられます。銀河の初期に誕生した低金属星の酸素と鉄の組成比が高いのは、大質量星が起こした超新星爆発によって鉄に比べて多くの酸素が供給されたためと考えられます（この解釈が正しいとすれば、逆に、低金属星における酸素と鉄の組成比から、超新星爆発によって放出される酸素と鉄の組成比を予測することもできます）。

一方、鉄は別のタイプの超新星（Ia型）によっても合成されます。第3章でみたように、このタイプの超新星は、連星系において隣の星から物質を受けとることによって爆発に至ります。この超新星からは、基本的に酸素は放出されません。このタイプの超新星のもともとの星はさほど質量が大きくありませんので、星の誕生から爆発を起こすまでにかなりの時間（一〇億年以上）がかかり、その効果はゆっくりと現れてきます。図でいうと、鉄組成が太陽系の一〇分の一程度のところから顕著に鉄が増加しているのは、このタイプの超新星によるものと考えら

図５－６　銀河系内の星における鉄と酸素の組成（太陽との相対値）
左下ほど元素組成が低い星。

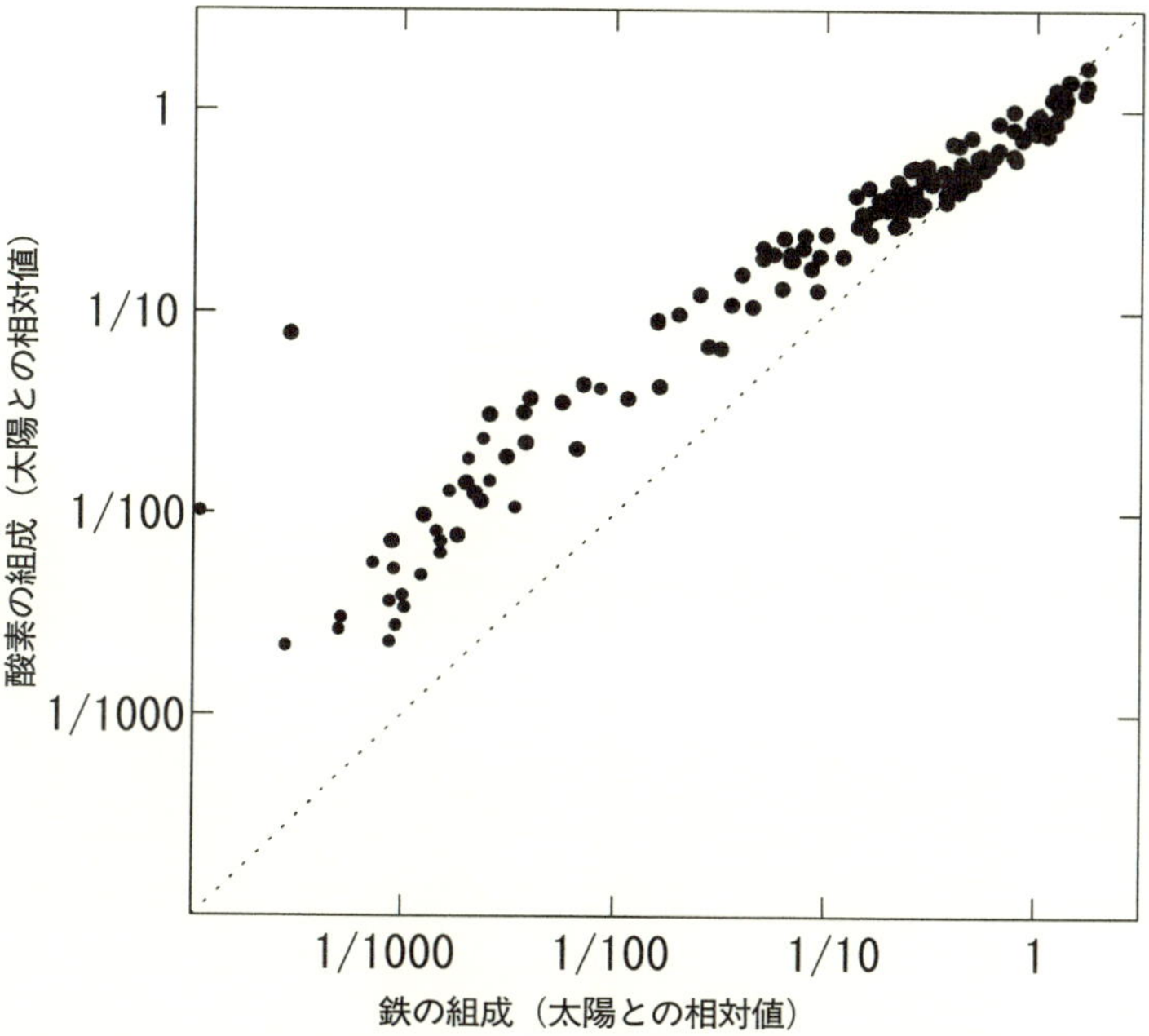

れています。

　このように、さまざまな金属量の星の組成解析を積み重ねることによって、それぞれの元素が銀河系の歴史のなかでどのように蓄積されてきたのか、調べることができます。これは単に歴史をたどるにとどまりません。その結果は個々の元素合成過程が銀河系のなかで、いつ、どの程度寄与してきたのか、私たちに教えてくれますので、それを一貫して説明できるように、個々の元素合成過程に制限を加えることができるのです。

巨大望遠鏡と分光観測

以上で、星の光を波長に分けて観測する分光観測（スペクトル観測）の意義はおわかりいただけたと思います。しかし、肉眼でみえないような微弱な星の光を、細かく波長に分けて測定しようというわけですから、やさしいことではありません。この観測のためには、星からの光をできるだけ多く集める必要があります。つまり、巨大な望遠鏡が望まれるわけです。

一九世紀以来、望遠鏡は巨大化の道をたどってきました。一九二〇年代には口径二・五メートルの望遠鏡、一九四八年には同五メートルの望遠鏡が建設されました。そして二〇世紀も終わりに近づいて、世界各地で口径八メートル級の望遠鏡があいついで建設されました。日本のすばる望遠鏡もそのひとつで、ハワイ島のマウナケアという高山の山頂で一九九八年末に完成しました（図5-7、円筒型のドーム）。そのお隣には一足はやく一九九三年に完成したケック望遠鏡があります（一九九六年には二号機も完成。図の丸いドーム。カリフォルニア大学連合などによる）。この望遠鏡は、小さめの鏡を三六枚組み合わせてつくった口径一〇メートル相当の反射鏡を用いています。また、南半球では、ヨーロッパ南天文台がチリに八メートル級望遠鏡を四基も完成させています（全体をＶＬＴとよんでいます）。すばる望遠鏡をはじめ、こ

図５－７　すばる望遠鏡（左）とケック望遠鏡

れらの巨大望遠鏡については、参考文献⑧などを参照してください。

これらの巨大望遠鏡には、必ずといってよいほど、光を細かく波長に分ける分光器が搭載されています。光を集める能力が求められる観測だからです。すばる望遠鏡でも、高分散分光器という装置が搭載されています。筆者が国立天文台で最初に取り組んだのがこの装置の開発と運用でした。現在はこの装置を使いながら観測研究を行っていますが、同様の機能を持つ装置が他の望遠鏡にもありますので、ときには競争し、ときには北半球と南半球で観測を分担するなどの協力を行いながら研究を進めています。

【コラム⑨】

同位体組成の測定

本書全体に共通するテーマは、恒星の元素組成を調べることによってどのようなことがわかってきたか、という問題です。元素の種類は、原子核中に含まれる陽子の数によって決まっていますが、同じ元素でも重さの異なるもの（同位体）が存在します。これは原子核中に含まれる中性子の数の違いによります。例えば、炭素の原子核には六個の陽子が含まれますが、中性子数としては六個と七個のものが存在します。質量数（陽子と中性子の数の合計）が一二と一三なので、それぞれ^{12}C、^{13}Cのように書きます。中性子数が八個のもの（^{14}C）は半減期約五七三〇年の不安定同位体です。

中性子の数が異なっても、電気的な性質はかわらないため、化学反応など原子としての振舞いは基本的に同じです。このため、原子のスペクトル線の特徴は元素ごとにほぼ決まっていて、同位体による違いにはあまり影響されません。手元でサンプルを分析するのであれば、原子核の質量の違いを利用して同位体を分離し、その組成を測定することが可能ですが、恒星の組成の測定はスペクトル線の観測によっているため、同位体に分離して組成を求めることは困難です。

原子核の合成過程のモデル計算は同位体レベルで行われますので、その結果を天体の測定データと比較する際には、元素のレベルまで情報を落としてから比較しなければなりません。もし天体の組成も同位体レベルで測定できるなら、モデル計算と直接比較が可能になりますので、同位体の組成を測定することには非常に重要な意味があります。現在のところ、これが可能なのは太陽系の組成だけです。太陽系の場合、隕石中に含まれる物質を直接分析することによって、多くの元素・同位体の組成比が求められているからです。

限られた場合だけですが、スペクトル線にも、同位体の影響が現れることがあり、これを利用して星の表面の同位体組成を求める努力が行われています。比較的容易なのが、星の表面で分子をつくっている元素です。分子スペクトルには原子核の質量の違いが明瞭に現れることが多く、例えば一酸化炭素（CO）などの分子スペクトルから炭素の同位体組成（^{12}Cと^{13}Cの比）が測られます。また、水素やリチウムなどの軽い元素ならば、原子スペクトルに原子核の質量差の影響がわずかながら現れます。これら軽元素の同位体組成は、ビッグバン元素合成について非常に重要な情報をもたらします（第2章参照）。

一方、重い原子核についても同位体組成を測定できる場合があります。原子スペクトルは、原子中の電子のエネルギー状態によって決まりますが、これに原子核のほうの磁気的な性質が影響することがあり、同位体の違いによってその程度が異なる場合があります。これがスペクトル線にわずかに影響します。

星表面の同位体組成を測定するためには、スペクトル線に現れる微妙な影響を調べる必要があるので、非常に高い精度のデータが要求されます。そのためには天体からの光を効率よく集められる大きな望遠鏡が必要となります。今後、すばる望遠鏡のような大望遠鏡を用いた研究が期待されます。

【コラム⑩】

すばる望遠鏡での観測

国立天文台がハワイ島・マウナケア山頂に建設した「すばる望遠鏡」を用いた観測生活について簡単に紹介しましょう。

太平洋の真ん中・ハワイ諸島までは、東京から飛行機で約七時間。オアフ島のホノルルで国内線にのりかえ、一時間弱でハワイ島・ヒロ市に到着します。ハワイ島は今も活発に活動を続けるキラウエア火山で有名ですが、かつての火山活動が生んだ最高峰がマウナケア山（標高四二〇〇メートル）です。観測所の本部（山麓施設）はこのヒロの街に置かれています。観測者はここに立ち寄り、観測所の車（運転手つき）で山に向かいます。熱帯の樹木と溶岩の間を抜け一時間ほど行くと、中腹に設けられた宿泊施設「ハレポハク」に到着します。これはマウナケア山に望遠鏡をもつ各国の観測所が共同で運営している施設です。標高は約二八〇〇メートル、すでに草木はまばらです。観測者は通常、観測の前夜はここに泊まります。

観測当日、日暮れが近づくころ、今度はオペレータの運転で山頂に向かいます。三〇分ほどで標高差一四〇〇メートルを駆け上がり、山頂に到着すると、早速準備にかかります。望遠鏡の基本的な準備・点検は事前に観測所スタッフによって行われるので、この段階で必要なのは観測にあわせた細かい設定です。作業はドームの隣に設けられた制御棟から行います。眼下のまばらな街の灯を除けば、観測を妨げる人工光は皆無です。

暗くなると望遠鏡や装置の動作を確認し、望遠鏡の焦点を合わせます。最初の天体に望遠鏡を向けるまでが、最も慌しい時間です。ここまで順調に進めば、あとは取れたデータを簡易処理して確認し、露出時間などの微調整をほどこしながら、観測プログラムを実行するだけです。ただ、これは順調な場合の話で、雲や霧で観測が妨げられる場合があります。そういうときは湿度計や雲の衛星写真を見て天候の回復を待つばかりです。一方、山頂は〇・六気圧しかないため、観測者のほうの具合が悪くなることもあります。頭痛や吐き気を訴えたり、ひどい場合には意識を失ったりすることもあります。そうなると、とりあえず常備されている酸素ボンベの世話になり、それでだめなら下山しなければなりません。

朝、観測が終わるとハレポハクまで降り、食べたい人は朝食を食べて眠ります。昼過ぎに目覚めて、引き続き観測がある場合にはその準備にかかります。必要なら昼食と夕食、さらには観測中の食事としてサンドイッチや弁当も準備してもらえます。観測が全て終わったら下山し、たいていは一泊して翌朝の便で帰国します。

以上は標準的な観測者の行動です。観測を支援するスタッフには、望遠鏡や観測装置を操作するオペレータと、観測内容をよく理解して、より効率よく観測できるようにアドバイスする「サポートアストロノマー」がいます。観測支援者は複数の観測グループにつきあって少し長く山に滞在することも少なくありません。

遠隔観測の準備も進められており、オペレータだけが山に登り、観測者は山麓施設にとどまるという形態に移行しつつあります。これなら観測者は高山症状には悩まされずにすみます。さらに、将来的には東京からも遠隔観測ができるように準備が進められています。

第６章　宇宙の第一世代星に迫る

現代の天文観測は、宇宙には始まりがあり、その歴史は約一四〇億年であることを明らかにしてきました。宇宙の歴史が有限であるならば、どこかの段階で最初の星、つまり宇宙の第一世代星が誕生したはずです。この章では、宇宙の第一世代星の理解に迫る最近の研究について、観測研究を中心にご紹介しましょう。

宇宙の暗黒時代

ビッグバン以後、宇宙は膨張を続け、物質の密度は低下していきます。しかし、誕生の際に刻まれたわずかなムラ（非一様性）の結果、密度の高い部分が重力によって収縮し、宇宙で最初の星が誕生したと考えられています。この第一世代の星の誕生に相前後して、銀河の形成も始まったと考えられています。第一世代星の誕生と、銀河形成について理解することは、現在の天文学のなかで最も重要な課題のひとつとなっています。

第2章で紹介した最近のマイクロ波宇宙背景放射の観測（コラム②参照）などから、宇宙は約一四〇億年前に生まれ、約二億年後には最初の星々が誕生したらしいということがわかってきました。もちろん、すべてのガスがこの瞬間に星になってしまったわけではありません。まだ重元素を含んでいない、ビッグバン後に残されたガスから直接生まれた星を第一世代の星と定義するならば、第一世代星は、宇宙誕生から数億年で次々と誕生したとみられています。いずれにしても、一三〇億年以上前の話です。この一三〇億年もの昔の天体現象を調べるには、どういう方法があるでしょうか。

最も遠くの銀河を探す

ひとつは、非常に遠く離れた天体を探し、詳しく調べることです。宇宙では、遠くの天体を調べることは、昔の宇宙を調べることになります。光の速さは有限ですから、一〇億光年彼方の天体から届く光は一〇億年前の天体から出てきたものです。宇宙の初期を調べようと、少しでも遠くの天体を発見する努力が重ねられています。

距離が離れるほど、天体はみかけ上小さく、暗くなります。数十億光年彼方でみられるのは、個々の星ではなくて、星の大集団である銀河です（クェーサーとよばれる明るい天体もありますが、これは銀河の中心部にある巨大ブラックホールに物質が落ち込む際に放出されるエネルギーによって輝いていると考えられています）。

マイクロ波宇宙背景放射の観測から、私たちはビッグバン後三八万年のころの宇宙の姿を知ることができます。このころ宇宙は、水素の原子核（陽子）と電子がバラバラに存在する状態

（プラズマ状態）から、それらが結合して中性の水素原子のガスへと、物質の存在状態が大きく変化しました。それから第一世代の星が誕生するまでの数億年間は、「宇宙の暗黒時代」とよばれています。

最近では、日本のすばる望遠鏡などの巨大望遠鏡で、宇宙誕生からわずか数億年後の銀河の姿が観測されるようになってきていますが、まだこの暗黒時代を解き明かすには至っていません。今後もより遠い銀河の探査が続けられることでしょう。

第一世代星の生き残りを探す

宇宙初期の様子を調べるもうひとつの方法は、私たちの銀河系を詳しく調べることです。銀河系のサイズは一〇万光年程度ですから、私たちが目にしている銀河系内の星は、せいぜい一〇万年前の姿です。これは一〇〇億年以上の銀河の歴史のなかでみれば、現在の天体の姿をみているといってさしつかえありません。

しかし、私たちの銀河系にも、宇宙の初期に生まれ、約一三〇億年を経て現在まで生き残っている星が存在していると考えられています。太陽の寿命は約一〇〇億年であり、質量の小さな星ほど長い寿命を持ちます。つまり、太陽より少し質量の小さな星の寿命は、優に宇宙年齢

（約一四〇億年）よりも長いということになります。このため、宇宙のごく初期に生まれた質量の小さな星は、現在まで生き残っているはずです。星はひとたび誕生してしまうと、他の天体とあまり相互作用しません。このため一三〇億年前に生まれた星は、当時の情報をその元素組成や運動にとどめています。

このような古い星の探査が、ここ一〇年余で急速に進みました。そして私たちの銀河系の形成期、すなわち宇宙初期の天体現象について、重要な知見を与えるようになってきています。本章では、これらの古い星から宇宙初期の様子を調べようという試みを紹介します。

初期宇宙に生まれた星々を探す

夜空に輝く星の多くは、太陽と同程度か、それよりも若い星々です。大昔に生まれた星の生き残りは、第7章で紹介するように、銀河を大きく包み込むハローという構造に属しており（一六六ページ参照）、太陽の属する銀河の円盤部にはほとんど存在していません。このため、太陽の近くでは大昔に誕生した星は極めて稀なのです。では、夜空に無数にある星のなかから、どうやって古い星をみつけ出すのでしょうか。

代表的なのは、星の表面の重元素の少ない星を探すという方法です。初期の宇宙では、まだ重元素の蓄積が進んでいなかったため、当時生まれた星の重元素組成は非常に低かったと考えられます。ここ二〇年ほどで、これらの低金属星の探査が大きく進み、新たな研究領域を切りひらいてきています。

では、どうやって低金属星をみつけ出すのか、というのが次の問題です。第5章で詳しく述べたように、星の光は、宇宙空間に放たれる際に、星の表面（恒星大気）にある物質によって吸収されます。物質は、元素ごとに特有の波長（色）の光を吸収します。したがって、分光器を用いて、星の光を波長ごとに分解して観測すると、星の表面にどんな物質が存在しているのか、見分けることができます。分光器を通して得られるデータを「スペクトル」とよびますが、そこには、恒星大気に存在する物質によってつくられた「吸収線」がたくさんみられます。吸収線の強さや数は、元素ごとに異なり、星の温度などにもよります。

太陽の表面は、大半が水素とヘリウムによって占められていますが、この二つの元素は、原子の構造がごく単純なため、吸収線の数はわずかしか存在しません。太陽のスペクトルに多数現れるのは、鉄やチタンなどの重い元素による吸収線です。実際、太陽の青色の波長域の光は、重い元素による吸収線によってうめつくされています。これらを丹念に解析することによって、太陽の表面の元素組成を調べることができるのです（以上、詳しくは第5章を参照）。

同じように、夜空の星についても、スペクトルをとって表面の元素組成を調べることができます。実際にこうして調べてみると、多くの星が、太陽と同程度の金属量を持つことがわかります。しかし、なかには、太陽に比べて重い元素による吸収がずっと弱い星がみつかることもあります。これらが、低金属星の候補です。

精度のよい星のスペクトルを得るには、星の光を、スリットを通した上で分光器に導く必要があります。これでは、一度の観測でひとつの星しか観測できず、夜空の星を片端から調べていくのには、途方もなく時間がかかってしまいます。そこで、もっと効率よく星のスペクトルを得るために用いられてきたのが、プリズムを用いて、望遠鏡の視野内の星のスペクトルを一度に写真乾板にやきつける、という方法です。図6-1に例を示します。横にのびている細い線が、一つひとつの星のスペクトルです。これを個々に取り出して解析するのです。プリズムを用いるだけでは、星の光をあまり細かく波長に分けることはできません。しかしそれでも、星の金属量を大雑把に見積もり、低金属星の候補天体をみつけ出すには、かなり有効な方法です。

この手法による低金属星の大規模な探査が、アメリカ・ミシガン大学のグループによって、一九七〇年代後半から続けられています。太陽程度の温度の星には、紫色の波長域にカルシウムの強い吸収線が二本現れます。この二本の吸収線の強さが金属量の指標となります。吸収線の強さは、カルシウムの組成だけでなく、星の温度によっても変わります。そのため、星の全体的な色を測定して温度を見積もり、温度の効果を補正することによって、低金属星の候補が絞り込まれます。

こうして得られた低金属星の候補に対して、金属量をもう少し精度よく見積もり、本当に低金属であるかどうか確認するためには、個々の星のスペクトルをきちんと取る必要があります。探査グループは、候補天体に対して、分解能のやや高いスペクトルを取る観測も行っています。ここまで行うと、星の金属量は、一桁以下の誤差の範囲で見積もることができます。「一桁以下の精度」などというと誤差は大きいように感じられるかもしれませんが、探しているのは、金属量が太陽の一〇〇分の一以下というような星ですので、この精度で金属量が見積もられれば、十分意味があるのです。

似たような探査は、現在、ドイツ・ハンブルク大学などのグループによって、より大規模に進められています。この探査は、何十億光年も彼方のクェーサーとよばれる天体の探査と合わせて行われています。この観測で、発見される低金属星の数も格段に多くなると期待されています（ただし、探査は南半球で行われているため、北半球から観測可能な星の割合は低くなります）。

図6－1　プリズムを用いた星のスペクトル観測の例（ミシガン大学の探査。提供：T. C. Beers 博士）

分解能の高いスペクトルの解析

さて、次は、こうしてみつかった低金属星の候補に対して、波長を細かく分けた（分解能の高い）スペクトルを取得する段階です。第5章で詳しく説明したように、すばる望遠鏡の高分散分光器のような大型分光器を用いて、吸収線を一本一本見分けられるまで、光を細かく波長に分けて観測するのです。

星の光を細かく波長に分けて観測するので、大きな望遠鏡でたくさん光を集める必要があります。口径八メートル級の巨大望遠鏡でも、観測可能なのは、せいぜい二〇等星までです（肉眼でみえるのは六等星までで、二・五等級大きくなると一〇倍暗くなります）。ずいぶん暗い天体のように思われるかもしれませんが、単に天体の姿を撮影する観測（撮像観測）では二七等星とか二八等星が検出されていることを考えると、分光観測では、巨大望遠鏡をもってしてもかなり明るい星しか観測対象になりえません。

しかも、重元素量の少ない星の場合、当然ながら、重元素による吸収線は非常に弱くなります。この弱い吸収線を検出し、組成を求めるためには、精度のよいスペクトルデータを取得する必要があります。そのため、大型望遠鏡で実際に高分解能のスペクトルが取られている星は、せいぜい一六等から一七等星です。

第一世代の星は生き残っているか?

さて、こうして得られたスペクトルデータから、星の表面の元素組成が測定されます。金属量は通常、鉄の組成で代表されます。鉄の原子核は非常に安定なため、その組成が重い元素のなかで多いことに加え、可視光の波長域にたくさんの吸収線が存在しており、観測が容易であるためです。

一九八四年には、オーストラリアの研究者によって、当時最も金属量の少ない星として、鉄組成が太陽の値の一万分の一しかない星が発見されました(図6-2b)。その後の低金属星の探査によって、同程度に金属量の低い星は何天体か発見されましたが、なかなかそれ以下の星はみつかりませんでした。

ところが、二〇〇二年になって、ハンブルク大学の探査から、鉄組成が太陽の二〇万分の一という天体の発見が報告されました(図6-2c)。この発見によって、鉄組成(の低さ)の記録は、一気に一桁以上塗り替えられたことになります。太陽の鉄組成は水素の三万分の一程度ですので、この星の鉄組成は、水素の六〇億分の一しかないことになります。鉄に注目する限り、ほとんど金属＝重元素を含まない星が発見されたのです。

ちなみに、この星（図6-2c）は「HE0107-5240」という名で、約一五等の明るさです。残念ながらこの星は南半球からしかみることができません。この星までの距離はよくわかっておりませんが、ざっと数万光年とみられます。また、星の年齢も直接測定されているわけではありませんが、重元素量が低いことから、非常に古い星であることはまちがいありません。したがって、この星は長寿命の、質量の小さな星であると考えられます。

問題は、この星が宇宙の第一世代星（ビッグバン後に残されたガスから直接誕生した星）なのか、それとも第二世代（以降）の星なのか、という点です。

この星には、ごくわずかとはいえ、重元素が含まれているので、第一世代の星ではなさそうに思えます。しかし、ビッグバン元素合成によって残された、水素・ヘリウムガスから第一世代が生まれた後のことを想像してみましょう。その星は、その後、一〇〇億年以上にわたって銀河系のなかを運動し続けます。そのうちには、重元素を含んだガスのなかを通過することもあったでしょう。すると、星の表面には、重元素がだんだんに降り積もるはずです。この影響で、第一世代の星であっても、現在観測されるときには、完全に重元素ゼロではないと考えられます。重元素が降り積もる量の理論的な見積もりにもとづいて、この星が第一世代の星であるという解釈が提案されています。

図6－2　紫外線領域のスペクトル
b（CD-38.245）が太陽の1万分の1しか重元素を含まない星。c（HE 0107-5240）は2002年に発見された最も鉄組成の低い（太陽の20万分の1）星で、鉄などの吸収線が極端に弱い。図はヨーロッパ南天文台の発表による（ESO PR Photo 25 b/02）。

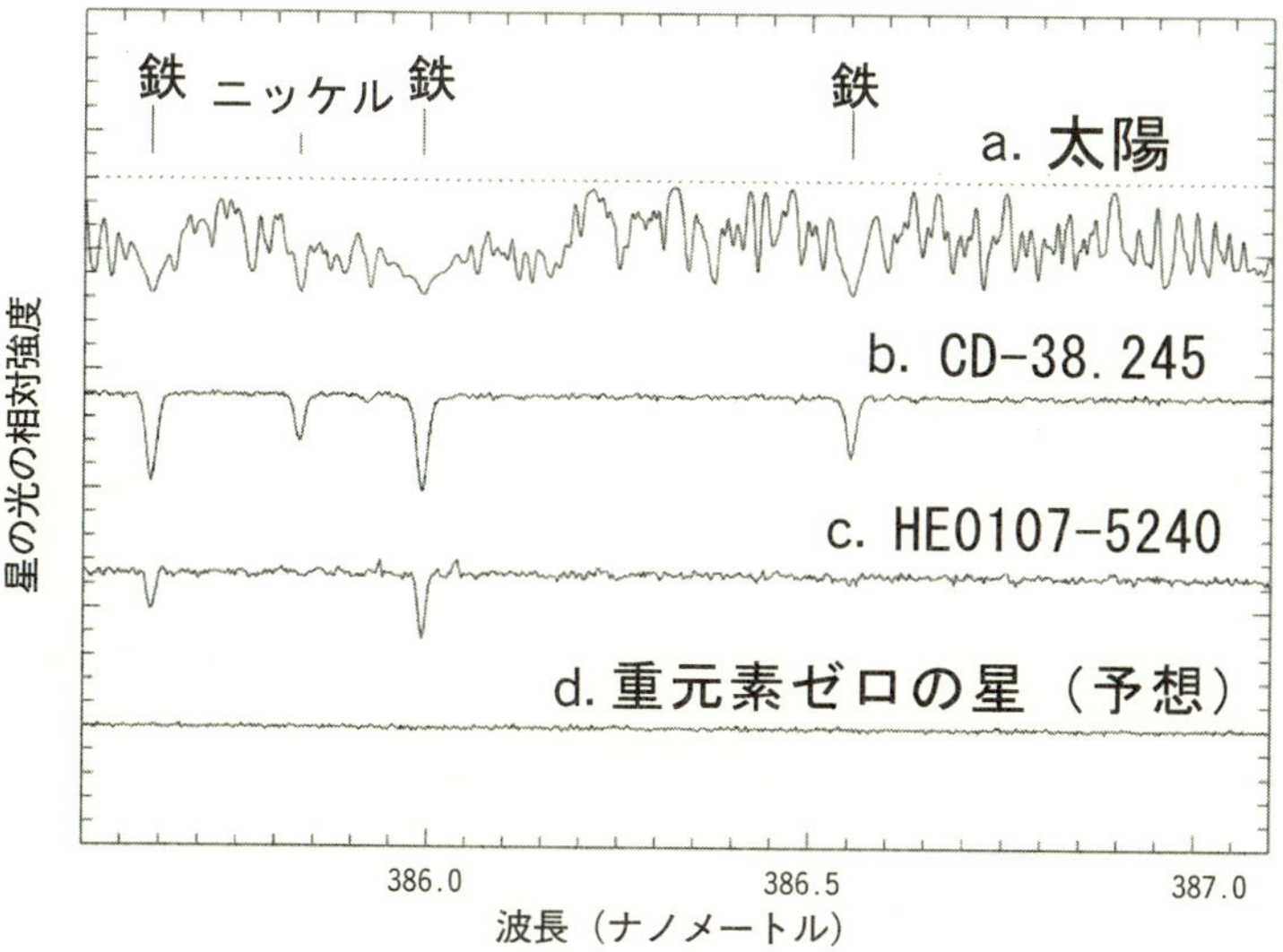

もしこの星が本当に第一世代の星ならば、星形成理論に大きなインパクトを与えます。というのも、重元素ゼロのガスからは、質量の大きな星しか生まれないというのが、従来の定説だったからです。小質量星が生まれるほどガスが収縮するためには、ガスの温度がいったん十分に低くなる必要があるのですが、それだけガスを冷却するには、重元素が発する放射が重要な役割を担っていると考えられています。重元素がほとんどなくても、小さな質量の星が生まれるとすると、ガスの冷却機構の見

直しが迫られるのです。

一方、この星の詳しい組成解析の結果、鉄などの重い元素の組成はたしかに太陽系の二〇万分の一程度しかないのですが、酸素や炭素の組成はこれよりかなり高いことがわかりました。具体的には、酸素については太陽系の一〇〇〇分の一程度、炭素は一〇分の一程度に達しています。これらをすべて、星が生まれた後の重元素の降着というプロセスで説明するのは困難です。このことから、この星自身はやはり第一世代星ではなく、第一世代の大質量星が起こした超新星爆発によって炭素と酸素が供給されたガスから誕生した第二世代（以降）の星である、という解釈も提案されています。ただし、以下で述べるように、従来の超新星爆発モデルではこの星の元素組成を説明できるわけではありません。

いずれにしても、この星の発見は、第一世代星の形成と元素合成の理解に対して、新たな問題を提起しました。この問題に決着をつけるには、同じくらい金属量の低い天体を多数検出し、それらの元素組成を精密に測定することが必要です。これは、すばる望遠鏡を含めて、世界の大望遠鏡に課せられた大きな課題のひとつといえます。

第一世代の大質量星・超新星の元素合成

一方、鉄組成が太陽の一万分の一程度の星は、これまでにも複数みつかっています。一〇〇〇分の一程度以下の星ならば、その数は数十にのぼります。これらの星の金属量は、銀河系のなかを運動する間に起こる星表面への重元素の降着で説明することはできず、明らかに宇宙の第一世代の星ではありません。

しかし、これらの星も、第一世代の星の理解に非常に役に立ちます。これらの星は、おそらく第一世代の超新星によって重元素を供給された星間ガスから誕生した星（第二世代の星）であるとみられます。したがって、その表面には、第一世代の大質量星・超新星による元素合成の結果が刻まれているはずです。

実際、低金属星の元素組成を調べてみると、その個性の強さに驚かされることがあります。ここでは、マグネシウムと鉄の組成比を例に紹介しましょう。実は、これは第5章で紹介した酸素と鉄の組成の話と本質的には同じ内容です（酸素とマグネシウムは、どちらもほとんどII型超新星によって供給されるためです）が、復習も兼ねて説明します。

超新星爆発とブラックホール形成

図6-3には、横軸に鉄の組成をとって、マグネシウムと鉄の組成比を示しました。点で示したのは、一つひとつの星についてスペクトルをとって組成解析を行った結果です。この図からまずみて取れるのは、金属量の低い星（太陽の一〇分の一以下）では、マグネシウムと鉄の比が太陽系の値よりも二〜三倍高いことです。

これらの低金属星は、宇宙（もしくは銀河）全体の金属量が低かった時代、つまり、宇宙のごく初期（最初の星の誕生から一〇億年程度以内）に生まれた天体です。このころの宇宙の元素組成に寄与したのは、もっぱら質量の大きな星（太陽の一〇倍程度以上）です。星は質量が大きいほど寿命が短く、大質量星だけが、初期の宇宙に重元素を供給できるからです。したがって、低金属星に観測されるマグネシウムと鉄の比（太陽の値の二〜三倍）は、大質量星によってつくりだされる組成比になっていると考えられます。

実際、この傾向は、大質量星の進化モデルからの予測とよく一致しています。太陽の約一〇倍以上の質量をもつ星は、最期に超新星（II型超新星）爆発を起こします。この際、中心部はブラックホール（もしくは中性子星）として残ります。このため、中心部で合成された鉄は、

図6-3　銀河系内の星におけるマグネシウムと鉄の組成比（鉄組成との相関）

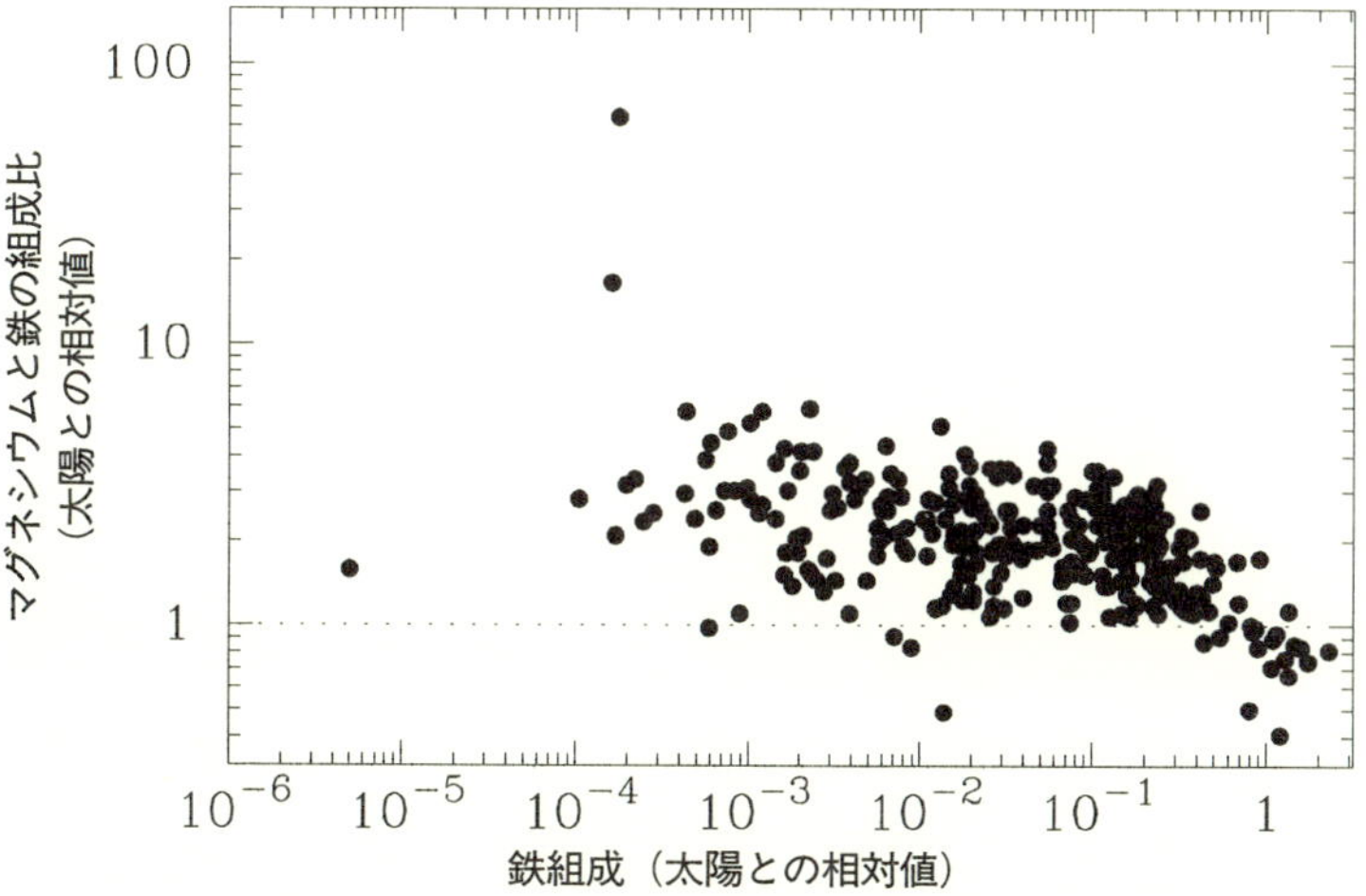

かなりの部分がブラックホール（中性子星）に取り込まれてしまいます。一方、鉄よりも軽いマグネシウムは、星の進化の比較的早い段階で合成され、中心部より少し外側に蓄えられており、爆発の際には、ほとんどすべて放出されます。このため、II型超新星から放出される物質のマグネシウムと鉄の比は高いと考えられています。同様のことは酸素についてもいえます。

一方、太陽を含めて、金属量の高い星には、II型超新星だけでなく、Ia型超新星（質量のやや小さな星が起こす超新星爆発）からの寄与も大きくなります。Ia型超新星は大量の鉄を供給しますが、その影響が現れるには時間がかかります（一〇億年以上）。これによって金属量の高い星ほど（誕生する年代が後になるほど）マグネシウムと鉄の比は低下すると考えられます。この考え方により、太陽系も含めて、金属量の高い星のマグネシウムと鉄の組成比に関する観測結果は無理なく解釈されます。

超新星爆発の多様性

このように、図に示したマグネシウムと鉄の組成比の傾向は、従来の超新星モデルでよく説明されてきました。天文学では、このように理論によって量的にもきちんと説明される観測結果は必ずしも多くありませんので、これは貴重な例といえます。

しかし、金属量の非常に低い星の調査が進むと、マグネシウムと鉄の比が飛びぬけて高い天体が発見されるようになりました（図6-3）。最近の詳細な観測により、これらの星は、マグネシウム以外にも、炭素や酸素の組成が、鉄に比べて著しく高いことが確認されています（一二九ページの図5-6にみられる酸素と鉄の組成比が異常に高い星がそれです）。これらの星は、いずれも金属量全体は非常に低い星なので、その組成は、おそらく第一世代の大質量星による（II型）超新星爆発によって決まっていると考えられます。つまり、このような個性的な組成をつくり出したのは、特殊な超新星なのではないかと推測されます。

実際、これらのマグネシウム組成の高い星の組成は、爆発エネルギーの低い（II型）超新星爆発の際の元素合成で説明できるというモデルがあります。爆発エネルギーが低いと、超新星から吹き飛ばされる物質の量が少なく、より多くの物質が中心のブラックホールに取りこまれ、放出される鉄の量はより少なくなります。このモデルによれば、これらの星は、「マグネシウム組成が高い」というより、「鉄組成が低い」と考えるべきです。また、別のモデルによると、爆発エネルギーが高くても、爆発の際に、星の内部で大規模な物質混合が起こると仮定すれば、これらの星の組成を説明できるとされます。いずれにしても、中心部で形成された鉄があまり放出されず、ブラックホールに取り込まれてしまうという超新星が存在していたようです。

では、どうして超新星にこのような多様性があるのか、というのが次の疑問です。これは超新星爆発の本質にかかわる大きな問題です。

ひとつの可能性としては、爆発を起こす大質量星の、特にその中心部の回転（自転）の影響です。星の回転が元素合成に与える影響は、これまでの標準的な超新星爆発モデルでは十分考慮されておらず、最近研究が進められている問題です。この効果を考慮に入れると、回転の軸方向とそれ以外の方向では、爆発の起こり方が違ってくることが予想されます。実際、最近は星の回転の効果を取り入れたモデルの構築も進められてきており、爆発の際に内部の物質の激しい混合が起こるのと似たような効果が現れるという研究結果もあります。

このような超新星の多様性は、宇宙の初期にだけではなく、現在でも現れているはずです。ただ、重元素の多い星には、多数の超新星による元素合成の結果が混ざっているため、個々の超新星の特色はならされてしまっていると考えられます。これに対して、宇宙の第一世代の超新星による元素合成の結果は、低金属星に刻み込まれており、現在でも明瞭に観測することができるのです。今後低金属星の観測が進展すれば、超新星モデルに重要な制限を加えることができるでしょう。

第一世代の星の生き残りを探すという観測研究の大目標はまだ達成されていません。しかし、その過程で、第一世代の大質量星と超新星爆発についての理解は大きく進んできています。

第７章　銀河の進化のなかで

私たちの太陽系は、天の川銀河（銀河系）に属しています。銀河系は、太陽のような恒星数千億個と、星に取り込まれていないガス（星間ガス）から構成されています。

第1章でちょっと触れたように、秋の夜空に肉眼でもみることができるアンドロメダ星雲は、実は銀河系内のガス星雲ではなく、約二五〇万光年彼方の銀河です。いわば私たちの銀河系のお隣さんです。この事実が明らかになったのは一九二〇年代のことで、アンドロメダ銀河に属する星の距離が、今からみれば不正確な値でしたが、銀河系内の天体からは程遠いものであるという観測結果によるものです。

もっと近くにも小さな銀河は多数あります。南半球からしかみることができませんが、マゼラン雲（大きいものと小さいものがあって、それぞれ大マゼラン雲、小マゼラン雲とよばれています）は、私たちから一五〜二〇万光年ほどの距離にある、小さな銀河です。

これらの銀河は、宇宙の第一世代の星が誕生したころに形成された（少なくとも形成が始まった）と考えられています。つまり、ビッグバンから数億年後の話です。

しかし、その形成過程はいまだ謎に包まれているといってよいでしょう。たしかに、近年の観測・理論両面からの研究の進展によって、銀河形成過程の理解は着実に進んできました。しかし、例えば星の形成過程に比べてみると（星形成にもまだまだ謎が多いのですが）、銀河形成に関しては、まだまだ基本的な問題が解かれないまま残されています。ここではまず、現在考えられている銀河形成シナリオの概要を紹介しましょう。

銀河の種

マイクロ波宇宙背景放射の発見（コラム②四八ページ参照）によって、ビッグバン後の宇宙が、全体としてはきわめて一様な温度と密度を持っていたことがわかりました。逆にこの観測事実こそが、ビッグバンの最も有力な証拠となっています（第2章参照）。しかし、ここ十数年の宇宙背景放射測定の進歩によって、そのなかには一〇万分の一程度の非一様性（ゆらぎ）が存在していたこともわかってきました。

このゆらぎこそが、銀河のような天体の種であると考えられています。ビッグバン後、宇宙は全体としてどんどん膨張していきます。それに伴って、物質の密度は下がっていきます。

しかし、わずかに存在していたゆらぎにより、密度の高い部分は、重力によって徐々に膨張を食い止めるようになります。そしてこの重力は、やがては宇宙膨張に打ち勝って収縮に転じます。こうして銀河の種が形成されていくと考えられています。

ここで物質といっているのは、ビッグバン後に残された水素とヘリウムのガスも含みますが、コラム③（五〇ページ）で紹介した暗黒物質も含みます。暗黒物質とは、重力として普通の物質（恒星など）に作用することからその存在が知られていますが、まだその正体がわかっていない物質のことです。質量としては暗黒物質のほうが普通の物質よりも多いので、重力の作用を考える場合には、暗黒物質の存在は決定的に重要です。

銀河の衝突と合体

さて、では個々の銀河がどう形成されたのか、という問題ですが、まずは私たちの銀河系について考えてみましょう。一九六〇年代に提唱されたのは、銀河系のもとになる大きなガス雲が収縮していくなかで星が誕生してきたのだろう、という説でした。これは、後で少し詳しく触れますが、銀河系を大きくとりまく外縁部（ハロー）の星の観測結果からの推測によるものです。

この説は、初期世代の星の誕生に先立って、銀河系規模のガス雲が形成されたというものですので、星より先に銀河系（のもとになるガスの塊）ができた、という説であるといってもよいかもしれません。

しかし、その後の観測や理論研究の進展の結果は、どちらかというとこの説を支持するものではありませんでした。現在では、まず最初に形成されたのは小規模な星とガスの集団（小さな銀河）であって、それらの小さな銀河が衝突・合体を繰り返し、徐々に大きな銀河が形成されてきたと考えられています。

ひとくちに銀河といっても、様々な種類があります。アンドロメダ銀河（図7-1）はきれいな渦巻き構造を持つ銀河です。私たちは銀河系のなかにいるので銀河系全体をみることができませんが、仮に外からみることができるならば、私たちの銀河系もアンドロメダ銀河とよく似た渦巻き銀河としてみえることでしょう。

一方、私たちの銀河系やアンドロメダ銀河よりもずっと規模の小さな銀河も存在しています。先ほど紹介した大小マゼラン雲は、銀河の分類の上では不規則銀河ということになっていますが、銀河系の数分の一程度の規模の、小さな銀河です。アンドロメダ銀河にも小さな銀河が付随しています（図7-1）。

このような小さな銀河が、銀河系やアンドロメダ銀河の種になったのではないか、と考えられています。いいかえると、銀河系の種の生き残りが、マゼラン雲のようなものではないか、というわけです。

実際、大小マゼラン雲と銀河系は、現在でも相互作用を続けています。大マゼラン雲は、銀河系中心のまわりを約二〇億年周期で、細長い軌道を描いてまわっていますが、これは地球が太陽のまわりをまわるのとはわけが違います。太陽の直径は約一四〇万キロメートル（地球はその一〇〇分の一以下）、それに対し地球の公転軌道は直径三億キロメートルもありますので、地球は静かに太陽のまわりをまわり続ける点のような存在です。一方、銀河系円盤部の直径はざっと一〇万光年、現在の大マゼラン雲は、銀河中心から約一六万光年の位置にあります（大マゼラン雲の直径は約三万光年）。つまり、大マゼラン雲は、銀河系をかすめながら運動しているのです。事実、大マゼラン雲から私たちの銀河系につらなるガス雲もみつかっており、これは大マゼラン雲と銀河系が相互作用した結果であるとみられています。

銀河と銀河が交錯しても、それを構成する恒星どうしがぶつかり合うことはほとんどないとみられています（恒星の直径は、恒星どうしの間の距離に比べれば非常に小さいからです）。しかし、星間ガスは大きな影響を受け、重力の作用でバランスを失ったガスは収縮を始め、短期間に大量の星が誕生すると予想されます。

大きな銀河どうしの衝突やあるいはその結果激しく星形成を行っている銀河も、数多く知られています（図7-2）。

現在、私たちの銀河系とアンドロメダ銀河は二五〇万光年離れていますが、毎秒一〇〇キロメートルの速さで接近しています。これから五〇億年ほどもすると、アンドロメダ銀河は夜空に浮かぶ巨大な銀河としてみえるようになり、やがては現在の天の川のように夜空をまたいで

図7-1　アンドロメダ銀河（距離約250万光年）。（提供：東京大学木曽観測所）

図7－2　2つの渦巻銀河が相互作用している例（NGC 2207とIC 2163)。(提供：NASA〔ハッブル宇宙望遠鏡〕)

みえるようになることでしょう。そのころ、私たちの銀河系とアンドロメダ銀河は図7－2に示したような衝突を起こします。その後、それぞれの銀河では多数の星が誕生し、超新星爆発が頻繁に起こる激動の時代を迎えることでしょう。

多数の銀河が群がっている銀河団には、その中心に巨大な銀河が存在しています。その形態から楕円銀河とよばれ、私たちの銀河系の一〇倍以上の質量を持つものがあります。銀河団の中心部では銀河が密集しており、かつて銀河の衝突が頻繁に起こったことでしょう。そして多くの銀河が合体して、巨大な楕円銀河が形成されたと考えられています。口絵4に示したのは、「ヒクソン・コンパクト銀河群四〇」とよばれる銀河の群れです。これは巨大な銀河団ではありませんが、数個の銀河が触れあわんばかりに密集している銀河群です（距離約三億光年）。上から順に、渦巻き銀河、楕円銀河、二つの渦巻き銀河、レンズ状の銀河がみられます。

私たちの銀河の近くにはこのような巨大な楕円銀河は存在しません。私たちの銀河系もアンドロメダ銀河も、どちらかというと宇宙のなかでは銀河の数の少ない領域、いわば宇宙の片田舎に位置しているといえます。そのおかげで、今までのところ比較的穏やかな生涯を送っているともいえるでしょう。

天の川銀河の構造

さて、話を現在の私たちの銀河系に戻しましょう。私たちの銀河系はきれいな渦巻き構造を持っており、渦巻銀河とよばれる銀河に分類されています。渦巻きにみえる部分は、銀河の構造としては「円盤」と分類され、私たちの太陽系もこの円盤部分に存在しています（図7-3）。

この円盤構造は多数の恒星と星間ガスからなっています。それらは銀河系の中心を全体として回転することによって円盤構造を維持しています。太陽も銀河系の中心を約二億年かけてまわっています。

私たちの銀河系の形態の最大の特徴は渦巻き構造にあるといえます。ただ、銀河系の中心には、「バルジ」とよばれる、球状に近い構造があります（図7-3）。バルジは基本的に恒星から成り立っており、星間ガスはほとんど存在しないことがわかっています。

さらに、円盤とバルジを大きく包み込むように、ハローとよばれる構造が存在しています。ハローは星の密度が低く、星間ガスはほとんどありません。そのひろがりは、円盤部に比べてはるかに大きいことは間違いありませんが、きちんと見積もることはなかなか難しいことです。

このように、夜空の星も、太陽と同じような星ばかりでなく、銀河系のさまざまな構造に属する星に分けることができます。このことがわかってきたのは、一九四〇年代のことです。当時はまだ銀河系の構造はきちんとわかっていなかったので、まずは星を「種族」という言葉で二つに分類しました。これは銀河系の構造でいうと、円盤に属する星とハロー構造に属する星に分類していたことになります。

その後、銀河系のそれぞれの構造に属する星を丁寧に調べていくと、以下のようなことがわかってきました。

①ハロー構造の星はいずれも年齢が高く（古く）、重元素の組成が太陽に比べるとだいぶ低い。

図7－3　天の川銀河の構造（概念図）

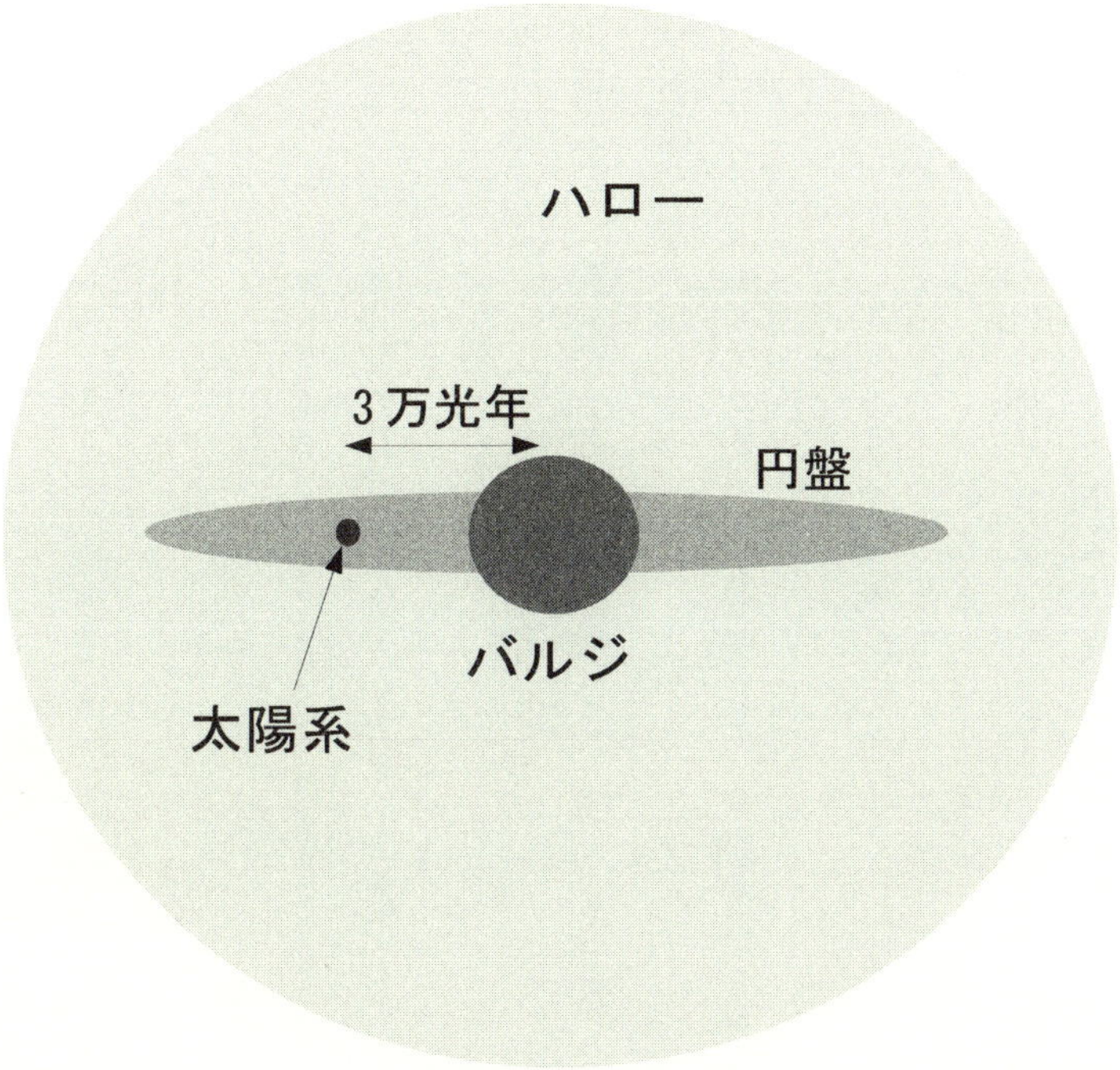

②銀河系中央部のバルジ構造にも、年齢の高い星が多い。重元素の組成にはかなり幅があり、なかには太陽よりも重元素を多く含んでいる星もあるようである。

③円盤部には、年齢の高い星も存在しているが、若い星も多数含まれており、現在も星があちこちで誕生している。太陽と同じくらい重元素を含んでいる星も多数あり、太陽よりも重元素の組成が高い星もある。

これらの観測事実から、銀河系の形成史をごく大雑把に辿ってみると、以下のようになります。

①銀河形成の初期に、まずハロー構造が形成された（それがどのように形成されたかは、前節で述べたように未知である）。ハローでは、初期に星がつくられた後にすぐに星間ガスがなくなって、その後は星が生まれなかったため、年齢が高くて金属量の低い星ばかりが残された。

②ハロー形成と同じく、バルジ構造も銀河形成の初期につくられた。しかしバルジでは、ガスの密度が高く、活発に多数の星が形成され、重元素の蓄積が急速に進んだ。そのため、短期間で金属量の高い星も形成された。しかし、比較的早い段階で星間ガスは失われ、その後の世代の星が生まれてこなかった。そのため、年齢が高い星ばかり残ったが、ハローとは違って重元素の組成の高い星も存在している。

③円盤部の形成は、数十億年の時間をかけてゆっくりと進んできた。当初、ハロー構造のように球状にひろがった星とガスの集団であったものが、銀河中心のまわりを回転し続けるうちにだんだん平べったい構造になり、時間がたつほど薄い円盤になってきた。円盤部には星間ガスが豊富に含まれ、絶えず新たに星が生まれてきた。世代を重ねるごとに円盤部におけ

る重元素の蓄積が進むので、若い星にはよりたくさんの重元素が含まれる。

このような大雑把な銀河形成史は、観測事実からほぼ間違いないものと考えてよいのですが、どうしてこのような歴史をたどることになったのか、という点はなかなかきちんと理解できていないのが現状です。

例えば、どうして銀河系の真ん中にバルジのような構造が誕生したのか、という問題があります。円盤部分も、比較的厚めの円盤（厚さ約三〇〇〇光年）と、太陽の属している薄めの円盤（厚さ約一〇〇〇光年）に分けられるとみられており、薄い円盤の形成に至るまでの歴史は決して単調ではなく、画期をなす出来事があったことを示唆しています。

これらの銀河構造形成の問題と銀河の衝突・合体がどのように関係しているのか、というのはたいへん興味深い問題です。以下に銀河形成史が、どのような観測事実をもとに把握されてきたのかを順を追って説明しましょう。

星の観測から銀河進化をさぐる

銀河系のこれらの構造を調べていく上でも、恒星の観測が決定的に重要な役割を果たしてきました。

恒星の何を調べるかというと、ひとつは化学（元素）組成、もうひとつは銀河系内の運動です。これらに加えて星の年齢を測定することができればよいのですが、それは比較的難しいことで、年齢がきちんと求められているのはごく一部の星に限られます。

恒星の化学組成は、星のスペクトル観測によって測定できます。これについてはすでに第5章で詳しく説明したのでここでは省略します。

星の運動の解析には、①星までの距離、②星の天空上でのみかけ上の運動（固有運動とよばれます）、③星の視線方向の速度（視線速度）の三つの情報が必要です。このうち視線方向の速度は、やはり星のスペクトル観測から求めることができます（第8章で詳しく説明します）。固有運動は、精密な天空上の位置測定を何年にもわたって続けることで測定できます。長い期間にわたって観測するほど測定精度が向上するため、何十年も前の観測データが非常に重要な意味を持つことがあります。また、天体の位置測定を行うための専用の観測衛星も用いられています。

難しいのは、天体までの距離の測定です。最も単純な原理にもとづくものとして、三角視差を用いる方法があります（コラム①参照）。これは、地球が太陽のまわりをまわっているため、地球の位置の移動によって、天体のみかけの位置が動くことを利用したものです。左右の目で物をみることによって距離感が出てくるのと同じことです。非常に遠方の天体（銀河系以外の銀河やクェーサーなど）は、地球が多少動いたところで、みかけ上の位置は変化しませんが、近くの恒星は周期的にみかけの位置が変化します。

ただし、この方法で距離が正確に測定できるのは、これまでのところ太陽のごく近くの星（せいぜい一〇〇〇光年）に限られます。そのため、明るさがよくわかっている星を光源として用いることによって距離を測定する方法などが用いられていますが、個々の星の距離をきちんと測定するのは、天文学のなかでは古くて新しい問題です。

太陽の近くの星については、化学組成も、星の運動も詳しく調べられています。その結果、多くの星の重元素組成が、太陽と同程度か、やや低い（数分の一程度）ということがわかります。また、多くの星は太陽と同じように銀河系中心のまわりをまわっています。これらの星は、太陽とともに銀河系の（薄い）円盤部を構成しています。

次の段階として、このような研究を銀河円盤全体に拡張していくことが考えられます。そのためには、円盤部の外側にある星、内側にある星を観測すればよいわけで、実際、銀河の中心から一万～五万光年くらいまでに存在している星（太陽は銀河中心から三万光年ほどの距離にあります）を観測して、「円盤部の内側ほど重元素組成が相対的に高い」ということを示す結果が得られています。

このようなことを直接調べるには、それだけ遠くにある星を観測しなければなりません。星は離れるほどみかけ上暗くなるため、観測は困難になります。また、遠くの星ほど、天体までの距離の測定、つまり天体の運動を調べることが困難になり、その星が銀河系内をどんな軌道を描いてまわっているのか知ることも難しくなります。

しかし、太陽の近くの星でも、その銀河系内での運動を調べてみると、円軌道ではなく、銀河系の内側に深く入り込むような星もあります。逆に、外側に大きく張り出したような軌道を持つ星もあります。そういった星を選んで化学組成を測定することで、銀河系の内側の星と外側の星の組成の特徴を調べることができます。

銀河ハローの形成をさぐる

以上は銀河系の円盤部の話でしたが、銀河系の渦巻き構造を大きく包むように存在しているハロー構造や、銀河系中心部に位置するバルジ構造を観測することは、なおのこと困難です。特にハローの大きさは、円盤部よりもはるかに大きいと考えられ、そのひろがりはいまもって十分には確かめられていません。これだけの距離にある星を詳しく調べることは、現在の望遠鏡ではできません。

しかし、太陽系の近くにも、重元素組成が太陽に比べて著しく低い星が存在しています。しかもこれらの星の多くは、太陽が銀河系内に描く軌道とは似ても似つかぬ運動をしています。銀河系円盤に垂直に運動している星もあれば、円盤とは逆回転しているものもあります。

このような特徴から、太陽系の近くにある星のなかからハローの星を選び出すことは、比較的容易な作業です。現在たまたま太陽系の近くを横切っていくハローの星の運動と化学組成から、ハロー全体の構造を調べ、その形成過程を調べようという研究が複数のグループによって進められています。

第5、6章で説明したように、銀河ハローの低金属星は、太陽の化学組成と比べた場合に、鉄に対して酸素やマグネシウム、ケイ素などを豊富に持っています（ただし、その総量は太陽系の値よりもかなり少ないので、「鉄が酸素などに比べてより少ない」というほうが正確ですね）。

ところが、なかには、これらの化学組成の傾向に従わない星もみつかっています。具体的にいうと、マグネシウムやケイ素が、鉄と同様に少ないような星です。このような一群の星は、ハロー全体の形成のなかでは、特殊な起源を持つと考えられます。

一方、星の運動を調べていくなかで、特殊な軌道を描く星のグループもみつかってきています。グループといっても、星団のように、いくつかの星がかたまって観測されているわけではありません。ハローの星は、おそらく一〇〇億年以上にわたって銀河系をまわっているので、当初一団となっていた星たちも、今ではばらばらになってしまっていることでしょう。しかし、その軌道運動は、当初の運動の特徴を保持していると考えられます。

このような特殊な化学組成や軌道運動をもつ一群の星が注目されるのは、それらが、共通の起源をもつ星のグループではないか、という期待があるからです。先に、銀河系の形成過程で、多数の小さな銀河が合体したようであると述べました。合体前の銀河は、それぞれ個性的な運動と化学組成を持っていた可能性があります。その痕跡が銀河ハローのなかに刻まれていないか? そんな期待です。

銀河ハローの星のルーツをたどる、大変興味深いテーマですが、現時点ではなかなか決定的といえる証拠は得られていません。しかし、すばる望遠鏡のような大望遠鏡の登場で、銀河ハローの星を、本格的に多数調べることができるようになってきています。今後の研究の展開が期待されます。

矮小銀河と銀河ハロー

先に銀河の形成シナリオのところで紹介したように、私たちの銀河系は、より小さな銀河が合体して、現在のように大きな銀河に成長したという説が有力です。現在でも、銀河系のまわりには、小さな銀河（矮小《わいしょう》銀河）がいくつか存在しています。これらの矮小銀河は、銀河系のもととなった小さな銀河の生き残りではないか、として注目を集めています。

実際、銀河中心方向にあたるいて座のなかの星の系統的な調査の結果、銀河バルジの向こう側に星の一群が発見されました（一九九四年）。これは新たに発見された矮小銀河で、矮小銀河には慣習によって星座の名前がつけられるので、「いて座矮小銀河」とよばれています。興味深いのは、その形が銀河面に対して垂直方向に伸びていることで、これはまさに銀河系との相互作用によって分裂しつつある矮小銀河なのではないかと考えられています。

このような矮小銀河は、私たちから遠くにあるものが多いので、これまで十分詳しく調べられてきませんでした。たとえば、小熊座にある矮小銀河までの距離は二五万光年ほどで、これは太陽から銀河系中心までの距離の八倍にあたります。これは銀河としては近いものですが、それに属する個々の星を詳しく調べるにはなかなか大変な距離です。

八メートル級の大型望遠鏡の登場によって、矮小銀河の星に対しても、詳しい分光観測による星の化学組成の測定が可能になりました。

まだこの分野の研究は始まったばかりですが、ここ数年の観測の結果、矮小銀河の星は、銀河ハローの星と同じくらい重元素の少ない星が、多数含まれていることがわかってきました。と同時に、ハローの星とはいくつかの元素の組成比の上で違う特徴を示すこともわかってきました。

ハローの星の化学組成の特徴のひとつは、何度も紹介しているように、鉄に対するマグネシウムやケイ素の組成が（太陽に比べて）高いことです。一方、矮小銀河の星を調べると、必ずしもこれらの特徴がみられず、例えばマグネシウムと鉄の組成比は太陽と同程度ないしはそれ以下となっている星が多数あります。

この観測事実を説明するのに、ひとつの可能性として以下のような解釈が提案されています。

①銀河ハローは宇宙のごく初期に形成され、当時重元素を供給したのは寿命の短い大質量星に限られていた。大質量星からマグネシウムやケイ素が供給されるので、結果としてマグネシウムと鉄の組成比が高い。

②逆に、矮小銀河ではゆっくりと星形成が進み、重元素を供給したのが大質量星ばかりではなく、Ia型超新星とよばれる爆発（第3章参照）を起こす、少し質量の小さな星が大量に鉄

を供給した。その結果、マグネシウムと鉄の組成比の低い星もつくられた。

このような解釈で、本当に矮小銀河の星の化学組成が首尾一貫して説明できるのか、まだまだ検証が必要です。そのためには、より詳しい、たくさんの元素の組成を測定する必要があります。

ところで、先ほど銀河ハローの星のなかに、特殊な化学組成を持った一群の星があることを紹介しました。その特徴のひとつは、マグネシウムと鉄の組成比が低いことです。これはまさに現在観測されている矮小銀河の星の化学組成の特徴に一致します。こういった観測結果から想像されるのは、「これらのハローの星は、比較的最近になって銀河系に飲み込まれた矮小銀河の星なのではないか」というシナリオです。

最後の部分は、まだまだ推測の域を出ない話ですが、いずれにしても、銀河ハローや矮小銀河の星の精密観測がどんどん行われるようになってきたことで、個々の星のルーツを探ることも可能になりつつあるといっても過言ではありません。この研究には、膨大な数の星の観測が必要になるため、息の長い仕事となることでしょう。しかし、地道な星の観測の積み重ねによって、銀河形成の全貌に迫る重要な結果が得られると期待されます。

銀河史のなかの太陽系

さて、約一三〇億年の銀河の歴史のなかで、約四六億年前に太陽系が誕生しました。現在、太陽は銀河系の中心から約三万光年の位置にあり、毎秒約二二〇キロメートルの速さで銀河の中心をまわっています。

これにより、太陽は約二億年かけて銀河中心を一周していることがわかります。つまり、誕生以来、ざっと二〇回ほど銀河中心のまわりをまわっていることになります。これだけ回転していると、現在太陽のご近所の恒星は、必ずしも太陽の近所で誕生したわけではないでしょう。むしろ、太陽とはかなり離れたところで誕生した星ばかりかもしれません。

太陽は四六億年前に誕生した星なので、四六億年前の星間ガスの重元素組成を保持していると考えられます。太陽は一〇〇億年以上にわたる銀河の歴史のなかでは比較的若い星ではありますが、決して物質進化の最新の到達点にいるわけではありません。

例えば、秋から冬の夜空にみられるヒアデス星団は、今から数億年前に誕生したことがわかっています。つまり、太陽（年齢四六億年）よりもだいぶ若い星々の集団です。この星団の星は、太陽よりも三〇パーセントほど重元素の含有量が高いことがわかっています。このように、太陽系形成後も、銀河の物質進化は続いているのです。

ただし、太陽は、周囲の平均的な星に比べると重元素の含有量が少し多いとみられています。四六億年前に生まれた星としては、重元素組成は異常といってもよいほど高いものです。

これがどうしてなのか、今のところはっきりとはわかっていません。太陽が生まれるもととなったガス雲の近くで超新星爆発が起こり、重元素が大量に供給されたという説があります。実際、超新星爆発が新たな星形成の誘因となることはよくあることです。また、太陽系形成時の固体粒子を含んだ隕石の詳しい分析から、一部の粒子は太陽系形成直前に起こった超新星爆発の際に形成されたと考えられるものがみつかっています（コラム⑪二〇〇ページ参照。ただし、その超新星が、本当に重元素の全体量を押し上げるほど重大な影響をおよぼしたのかどうかは不明です）。

また、銀河系円盤全体でみると、円盤の内側の星のほうが、平均としては重元素組成が高いことが知られています。これは、銀河系の中心に近いほど星やガスの密度が高く、活発に星が形成され、重元素合成が早く進んだためと解釈されています。このことから、太陽はもともとは銀河系円盤のもう少し内側（中心部に近いほう）で生まれたが、何かの拍子に現在の位置まではじき出されてきたのではないか、という説もあります。ただ、その決定的な証拠はありません。

さらに最近では、太陽が惑星系を持っていることと、重元素の含有量が多いこととが、何らかの関係があるのではないかという説も提唱されています。これについては、次の章で詳しく紹介することにします。

ともかく、太陽も、私たちの地球を含む惑星系も、銀河系の一〇〇億年以上にわたる形成史のなかで誕生してきたものです。太陽は銀河のなかではありふれた存在ですが、その誕生までにはそれなりの個性的な歴史があるはずです。それをどこまで詳しく解明できるのか？　太陽系のルーツを探る研究も今後進められることでしょう。

第８章　物質進化と惑星

ここまでの話で、宇宙のなかでの太陽系の位置については、だいぶイメージを持ってもらえたことと思います。この章では、地球のような惑星の形成と、物質進化の関係についてご紹介します。

私たちの地球は、太陽のまわりをまわる惑星のひとつです。夜空に輝く星々のまわりにも、同じように惑星が存在しているのだろうか？　そして、そこには生命が誕生しているのだろうか？　これは、長い間人類が抱き続けてきた疑問です。

二〇世紀も末になって、これらの疑問に答える重要な発見がありました。太陽以外の星に惑星系の存在が確認されたのです。まずは、この惑星系の発見について説明しましょう。

惑星をみつけることの難しさ

太陽のように自ら輝く星（恒星）は、惑星に比べると、とてつもなく明るい天体です。そして、私たちから他の恒星までの距離は、太陽系内の惑星までの距離に比べると、途方もなく長いのです。

太陽にもっとも近い恒星までの距離は約四・三光年、約四〇兆キロメートルです。仮に、太陽系をこの距離から眺めてみたとしましょう。太陽は夜空に輝くもっとも明るい恒星のひとつとしてみえるはずです。そのかたわらに、太陽の一億分の一以下の明るさで木星がまわっています（地球はもっと暗く、しかも、太陽のより近くをまわっています）。

つまり、明るく輝く恒星のごく近くを、暗い惑星がまわっているわけで、これをみつけるのは容易なことではありません。このため、いまだに太陽以外の恒星のまわりをまわる惑星を、直接的にみつけられた例はなく、世界中で今、天文学者が懸命に観測を進めているところです。

惑星に揺さぶられる恒星

しかし、惑星はただ中心の恒星のまわりをまわっているだけではありません。重力をおよぼして、中心の恒星をわずかながら揺さぶります（図８‐１）。木星によって揺さぶられる太陽の運動は、距離にして五〇万キロメートルほどで、これは太陽と地球との距離の約三〇〇分の一に相当します。また、揺さぶられる速さは、毎秒一〇メートル程度になります。惑星そのものがみえなくても、恒星の運動を詳しく調べることによって、その星のまわりに惑星が存在することをつきとめられないか――天文学者たちは、恒星の詳細な観測を始めました。

とくに有力視されたのが、恒星の速度変化を調べる手法です。星が私たちに近づくときと遠ざかるときとでは、星から発せられた光の波長が少し変化してみえます（ドップラー効果）。音の世界でのドップラー効果については、救急車が近づいてくるときと遠ざかるときとで、聞こえる音の高さが変化する、という例が有名です。光についても同じようなことが起こります。光のドップラー効果を利用して天体の（太陽に対する）速度を調べるというのは、天文観測の常套手段です。この手法の精度を徹底的に向上させることによって、一九九〇年代には、毎秒数メートルの速度変化まで見分けることが可能になってきました。これは、木星によって太陽が揺さぶられる様子を、遠く離れたところから見分けることができるほどの精度です。

この観測手法を用いて惑星の存在を確認しようとした場合に、難関になると考えられたのは、惑星の公転周期の長さです。太陽系を考えてみましょう。木星の公転周期は約一一年なので、太陽が揺さぶられるのも約一一年周期です。このことから、惑星が存在することを確認する観測は、一〇年以上の期間を要する、息の長い仕事になると予想されていました。

惑星系の発見

しかし、一九九五年、この方法によって、ペガスス座五一番星という太陽によく似た恒星に惑星が存在することが確認されました。星の運動に明確な周期運動が確認されたのです。その

図８－１　恒星の運動と光の波長の関係（概念図）

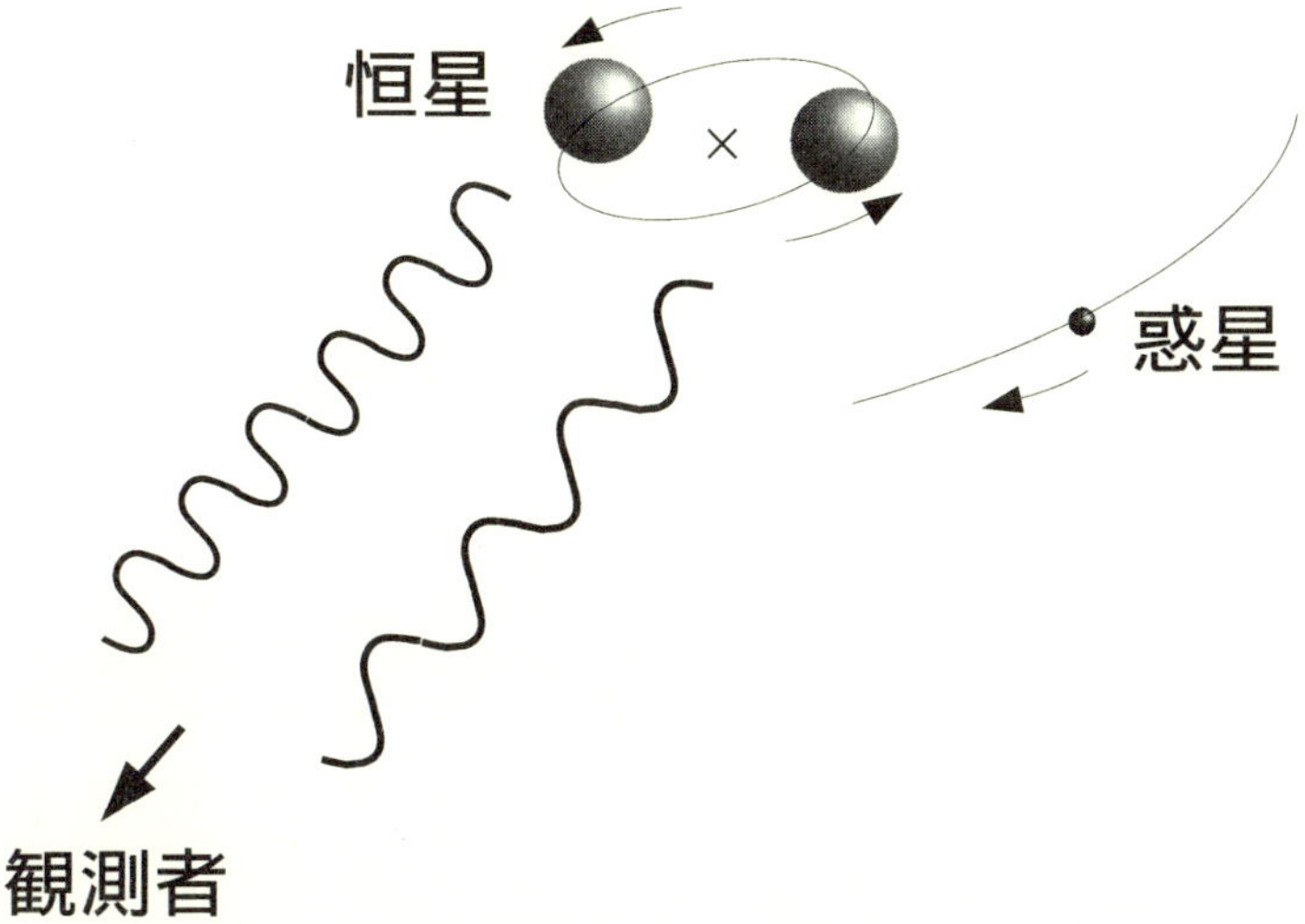

周期はわずか四日あまり。この星の運動から割り出された惑星の質量は木星の約半分で、中心星からわずか七五〇万キロメートル（太陽と地球の間の距離の約二〇分の一）のところを、高速でまわっていることがわかりました。発見されたのは、中心の星のごく近くをまわる灼熱の大惑星――私たちの太陽系とは、似ても似つかぬ惑星系だったのです。

以来、続々と惑星系の発見が報告され、二〇〇三年までに約一二〇個の恒星のまわりに、惑星が存在することが確認されています。これまで調べられてきたのは、多くが太陽によく似た星についてです。これは、少なくとも太陽には惑星系があるのだから、他の太陽に似た星のまわりにも惑星系があっておかしくないだろう、という単純な類推と、太陽のような星は速度の変化が測りやすいという観測上の都合によるものです。その結果、惑星系を持っている星は全体の少なくとも五％程度はあることがわかってきています。今後の調査によってさらに多くの星のまわりにも惑星系があることがわかるかもしれません。

最近は、太陽よりも少し質量の大きな星とか、太陽よりも進化が進んで巨星段階に達したような星についても調査が進められてきて、いくつかの星に惑星系がみつかってきています。惑星系の存在は、宇宙では珍しいものではないようです。

地動説が認められ、地球が太陽をまわる惑星であることがわかってから数百年になります。その間人類は、惑星系といえば私たちの太陽系だけしか知りませんでした。二〇世紀末になって、他の恒星のまわりに惑星系の存在が確認されたことは、宇宙のなかの地球や人類の位置を知る上で、たいへん意義深いことです。

惑星系の多様性

少し本題からはずれますが、もう少し惑星系の研究によって明らかになってきたことについて説明しましょう。

これまでに発見された惑星系は、中心星が惑星の軌道運動によって揺さぶられることによってその存在が確認されたものです。この観測からは、もう少し詳しい情報を得ることができます。

ひとつは惑星の公転周期です。中心星のふらつきの周期は、惑星の公転周期に対応します。太陽を遠くから観測すれば、木星の影響で、太陽が一一年周期でふらついている様子がみえることでしょう。

また、惑星の軌道の形についても調べることができます。太陽系の惑星の多くは、円軌道に近い軌道を持っています。このような場合、中心星のふらつきも単純です（図8-2a）。しかし、なかには、星の運動がゆがんでいる場合もあります。この場合は速度の変化もゆがんだものになります（図8-2b）。このような星のまわりの惑星は、細長い楕円軌道を持っています。太陽系でいうと、彗星が持つような軌道です。

さらに、ひとつの星のまわりの惑星はひとつとは限りません。太陽系にも、大きな惑星だけでも木星、土星、天王星、海王星と四つあります。太陽以外の星でも、すでに複数の惑星をもつものがみつかっています。この場合、中心星のふらつきも複雑になります（図8-2c）。これまでに惑星の存在が確認された星のまわりにも、未知の惑星が隠れている可能性があります。今後さらに、長期にわたる観測が必要です。

中心星のふらつきを調べるという観測方法の特徴から、質量が大きく、中心星の近くをまわっている短い周期の惑星がみつかりやすい傾向があります。これは観測結果をみるときに考慮しなければならない重要なポイントです。

惑星系の存在そのものは、決して稀なものではないことがわかってきましたが、その性質は実に多様でもあります。そのなかには、太陽系とよく似たものもあるようです。そういった惑星系には、生命を育むことが可能な惑星があっても不思議ではありません。

惑星を持つ星の特徴

さて、こうして、太陽以外の星の周りに惑星が存在することまではつきとめられました。そ

図８－２　恒星による中心星の視線速度変化の例
a 惑星軌道が円に近い場合、b 惑星軌道が細長い場合、c 複数の惑星が存在する場合。線はもっともよく運動を説明できるモデル計算の結果。c には視線速度の時間変化を直接示したが、a、b では一軌道周期の間の変化として示した。図は「Planet search and stellar kinematics」のホームページ（http://obswww.unige.ch/~udry/）による。

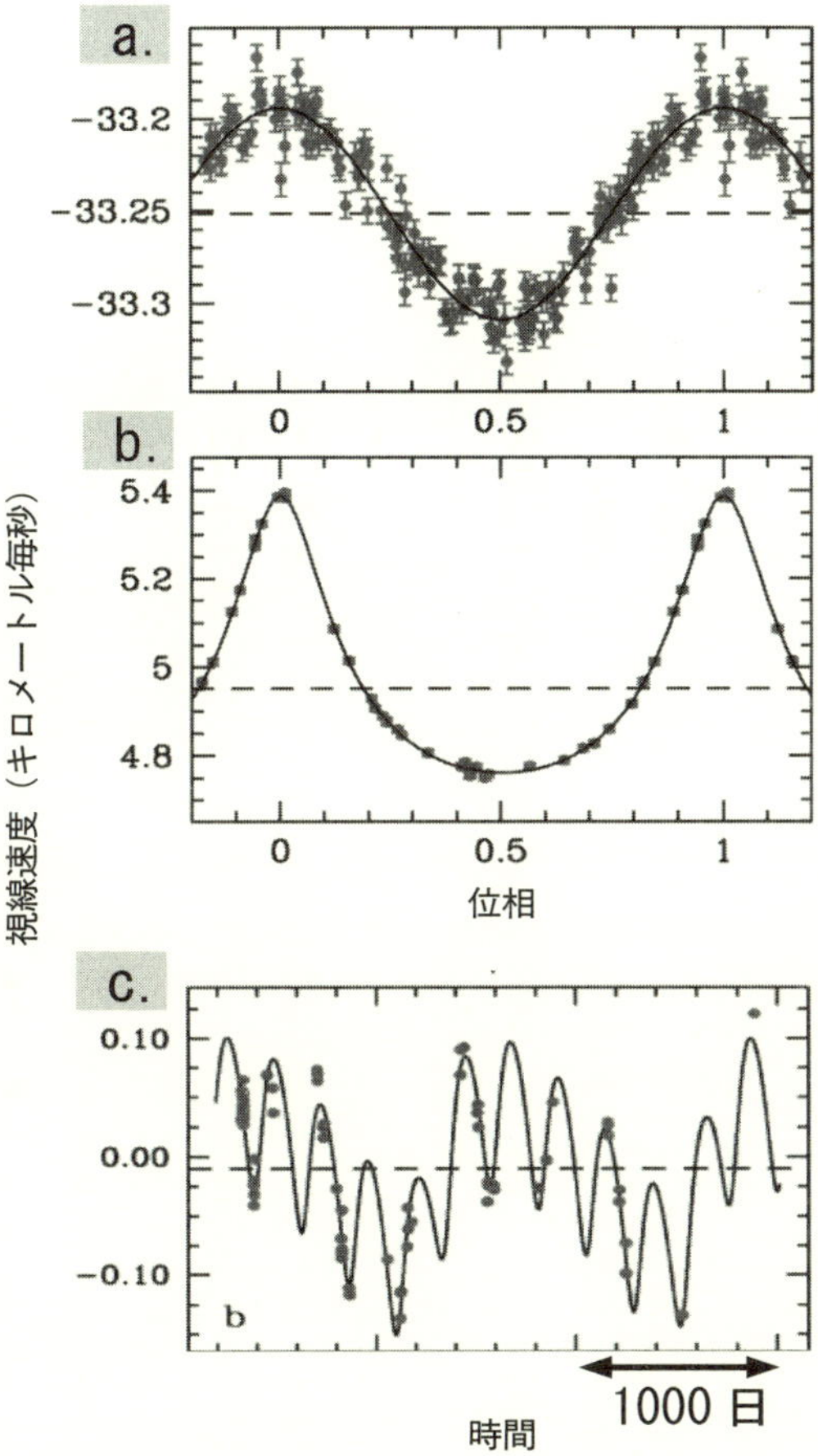

うすると、その惑星を直接みてみたい、そしてそこに生命が存在するのかどうか調べてみたい、と考えるのは当然の願望です。実際、二一世紀の天文学の重要課題として、太陽系以外の惑星の直接的な観測計画が、本格的に検討されています。これについては他の文献に譲ることにして、ここでは、宇宙の物質進化と惑星の存在との関係を考えてみたいと思います。

前の節までに、惑星の存在を中心の星の運動から調べる研究について紹介してきました。その結果、惑星を持つ星は宇宙のなかで決して稀でないことがわかってきました。では、惑星を持つ恒星には、惑星を持たない星と比べた場合に、何か特徴がないでしょうか?

星の重要な性質のひとつとして、化学（元素）組成があげられます。太陽のような恒星の大部分は、最も軽い元素である水素からできていて、炭素や酸素、鉄などの重い元素は、（原子の個数比でみた場合）水素の一〇〇〇分の一から一万分の一くらい含まれています。

この重い元素の組成は、星によって違いがあることが知られています。第6章では重元素の組成が極端に少ない星の観測について紹介しましたが、これらはむしろ例外的な星であって、太陽の近くの星の多くは、太陽と大きくは違わない組成を持っていることが知られています。

重元素の極端に少ない星は、銀河ハローに属していますが、ハロー構造の星は太陽の近くでは少なく、大半が銀河円盤を構成する星です（第7章）。銀河円盤の星は、太陽に比べて重元素量が一桁も違うことは稀です。太陽よりも三倍も重元素組成が高ければ、その星は「超金属過剰星」とよばれ、例外的な存在として扱われてきました。

しかし、続々と惑星を持つ星が確認されてくると、奇妙なことがわかってきました。惑星を持つ星には、「超金属過剰星」がいくつか含まれていたのです。これは偶然ではないだろう、ということで、惑星を持つことが確認された星の化学組成が集中的に調べられ始めました。化学組成の測定方法は、第5章で説明した分光観測にもとづく手法です。

その結果、惑星の存在が確認されている星は、そうでない星に比べて、全体として重い元素が多く含まれているという傾向が明らかになりました。図8-3には、重い元素の代表として、鉄の組成を様々な星に対して測定した結果を、ヒストグラムで示してあります。惑星を持つことが知られている星は、そうでない星に比べて、全体として鉄の組成が高いことがみてとれます。

なお、この議論で少しやっかいなのは、比較の対象をどうとるか、という問題です。「惑星の存在が確認されている星」の比較の対象としては、「惑星を持たない星」をあげたいところです。しかし、実際には惑星を持っていても、惑星の軌道によっては、私たちが検出できない場合もあります。

惑星の質量が小さかったり、軌道周期が非常に長かったりすると、恒星のふらつきの量が小さくなります。こういった惑星の検出には、まだ私たちの観測の精度が足りていない可能性があります。また、惑星の軌道面が地球からみて垂直になっていると、恒星のふらつきは私たちからの視線方向の運動としては観測できないので、こういった惑星の存在の確認は難しくなります（恒星の位置を注意深く調べれば、そのふらつきをみつけることは原理的には可能です）。

そこで、比較の対象としては、「惑星の存在が確認されていない星」という表現をとることにします。このなかには惑星を持つ星が含まれる可能性は残されますが、全体的な傾向をみるには、意味のあるサンプルといえます。

さて、もう一度図8-3にもどります。この図では、私たちの太陽の鉄組成を基準にとっています（つまり太陽の鉄組成は一です）。これをみると、太陽の鉄組成は、惑星の存在が確認されていない星に比べると、幾分高めであることがわかります。太陽も、もちろん惑星を持つ星のひとつです。重元素組成の面からみても、太陽は惑星を持つ星のグループの一員としてふさわしい存在であることがわかります。

どうして惑星を持つ星の重元素組成が高いのか

では、どうして、惑星を持つ星と、そうでない星との間で、重い元素の組成の違いがみられ

図8-3　惑星の存在が確認された星・確認されていない星の鉄組成の分布

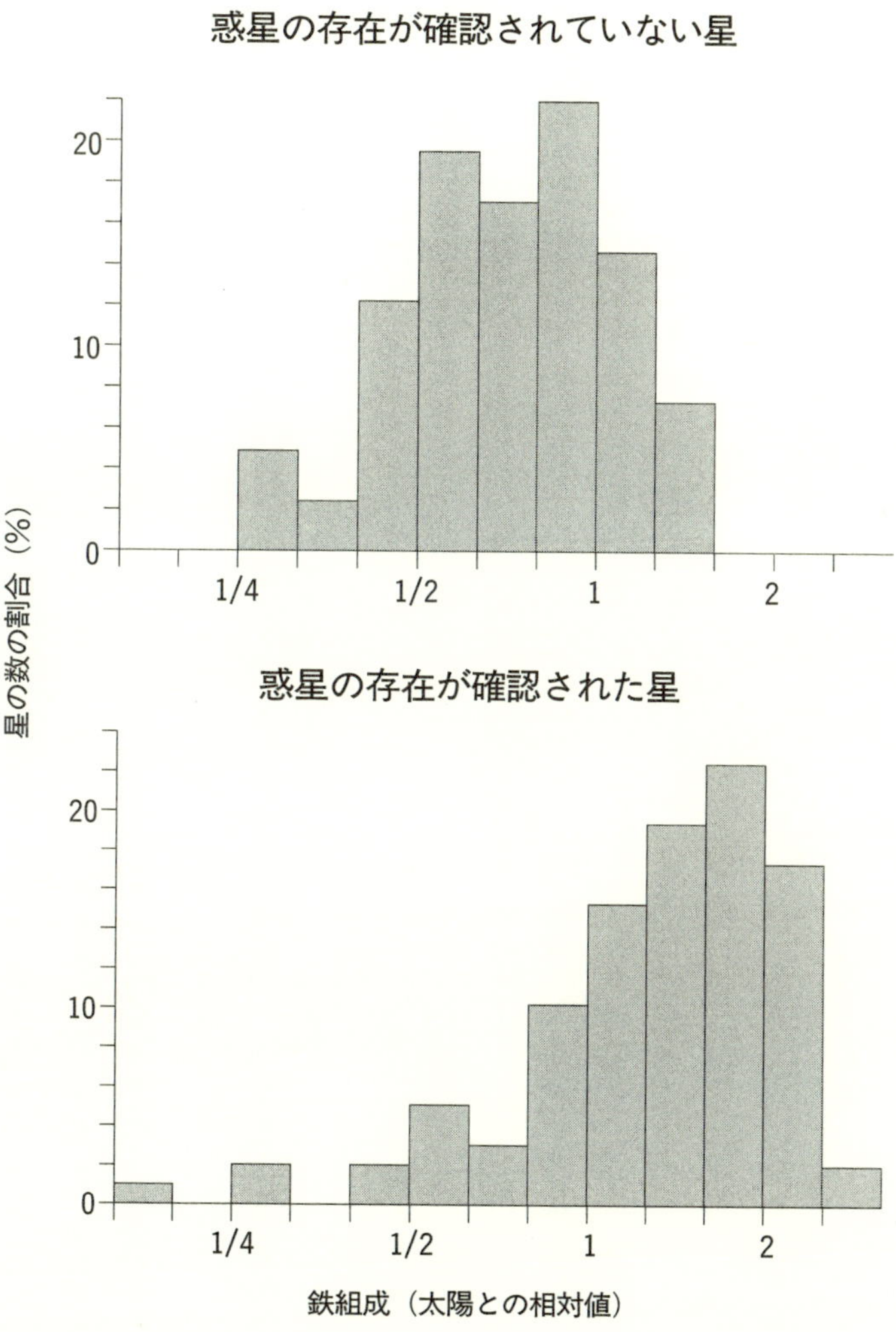

るのでしょうか。この理由については、実はいまだに定説は得られていません。

二つの事柄のあいだに相関がみられる場合、どちらかが原因でどちらかが結果であると考えたくなります（もちろん、原因はまた別にあって、どちらの事柄もその結果である可能性もありますが）。

惑星を持つことと、重元素の組成が高いことの間にみられる相関についても、どちらを原因とみるかで、全く異なる二つの説が提唱されています。

①先天説：「重い元素の含有量が多いほど惑星が形成されやすい」

太陽のような星が生まれるときには、その周囲に塵（固体粒子）とガス（主に水素ガス）からなる円盤がつくられると考えられています。星形成の現場は、電波や赤外線を用いて観測することができますが、最近では産声をあげつつある星のまわりの円盤構造が、かなり明確にとらえられるようになってきています（図8-4）。

この円盤のなかで、惑星たちが形成されると考えられています。このため、円盤は「原始惑星系円盤」とよばれます。その過程では、まずはじめに、小さな塊（微惑星）が形成され、それが合体して、大きな惑星に成長していくと信じられています。太陽系の場合、中心の星（太陽）に近いところでは、円盤中のガス成分は吹き払われてしまい、地球のような岩石を主体と

図8－4　生まれたての星 GG Tau（距離約 450 光年）
中心の星を隠して観測することにより、周囲の塵とガスの円盤が見えてきた。このなかから惑星が誕生すると考えられている。（提供：NOAO/AURA/NSF〔ジェミニ望遠鏡〕）

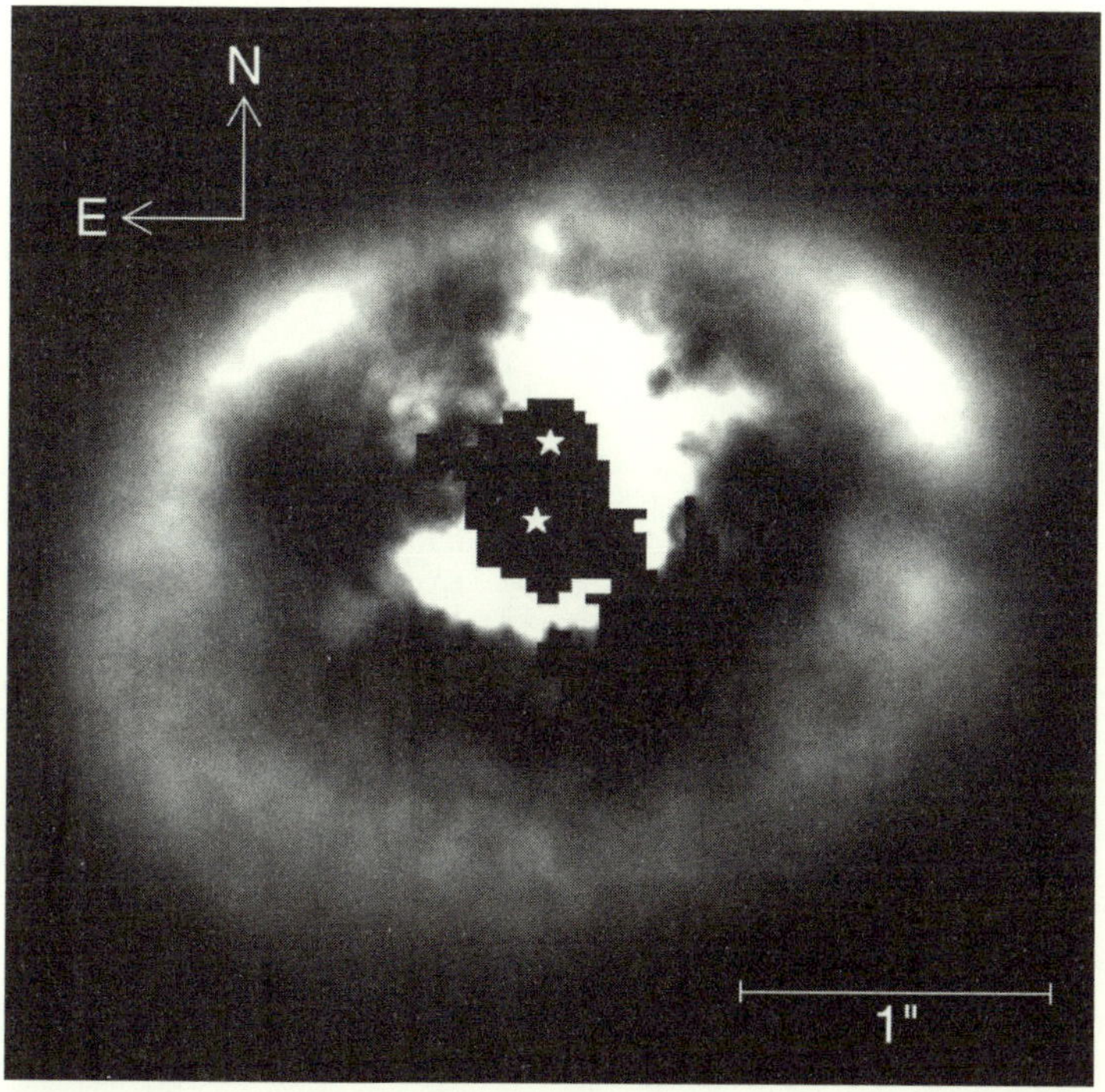

する惑星がつくられます。

　太陽から離れた場所では、円盤中にまだ十分ガスが残っています。まずはじめには、岩石を主体とする惑星が生まれますが、それが周囲のガスをかき集めて、巨大な惑星へと成長していきます。

　いずれの場合でも、惑星の形成過程では、微惑星のもとになる塵が重要な役割を果たすと考えられます。塵といっているのは、鉄やマグネシウム、ケイ素などの重い元素の化合物です（地球の地殻を構成する物質を考えてみましょう）。したがって、「塵の材料になる重い元素が豊富にあったほうが、惑星が形成されやすい」というのは、比較的自然な解釈といえるでしょう。

②後天説：「重い元素を豊富に含んだ惑星が中心の星に落ち込んだ」

一方、惑星の存在のほうが原因で、その結果中心の星の重い元素の組成が高くなったと考えることも可能です。この説は、惑星の形成過程で微惑星（もしくは形成された惑星そのもの）が中心の星に落ち込んで蒸発した、と考えます。地球のような惑星やその種となる微惑星は、主として重い元素から構成されています。このため、もし惑星が星に落ち込むという現象が起これば、中心の恒星の表面で重い元素の組成が増加すると期待されます。

生まれかかった惑星が中心の星に飲み込まれる、という惨劇が起こっていたとすると、仮に同じ組成を持って生まれた星でも、惑星系が生まれたかどうかによって、その後の星表面の組成が違ったものになったのかもしれません。

では、現在みつかっているような、惑星を持つ星とそうでない星の間での重元素組成の違いを説明するには、どのくらいの量の惑星が星に飲み込まれたと考えればよいのでしょうか？

太陽のような星は、星の表面付近に対流層があって、表面の物質は内側の物質といくらか混ぜられています。対流層の深さは星の温度によってかなり異なりますが、太陽程度の温度の星の場合、対流層のなかの物質の重元素を増やすには、ざっと地球二〇個分に相当する微惑星が星に落ち込んだと想定すれば、現在みつかっているような惑星を持つ星の重元素過剰は説明されます。

これら二つの説のどちらが正しいか、どうやったら区別できるでしょうか。「後天説」が正しいとすると、惑星を持つ星では、重い元素が全体として多く観測されるだけでなく、観測される元素の種類にも、特徴が現れると予想されます。天文学者が注目したのは、塵になりやすい元素と、なりにくい元素の間に組成の違いがみられるか、という点です。「後天説」によれば、落ち込んだ微惑星は、中心星に近く温度の高い場所で生まれたと予想されます。したがって、その天体は塵になりやすい元素（温度が高くても固体になりうる元素）を特に多く含むと予想されるわけです。

これを検証するための観測が、国立天文台のすばる望遠鏡や岡山天体物理観測所を含め、世界各地の望遠鏡を用いて精力的に進められています。今のところ、「後天説」を裏付ける明らかな結果は得られていません。消去法になりますが、今のところ「先天説」、つまり「重い元素を持っている星のほうが、そのまわりに惑星をつくりやすい」という考え方のほうが、有力といえます。

ただし、上の二つの説は決して排他的なものではなく、どちらも正しいという可能性もあります。惑星系が形成される際に、微惑星のいくらかは間違いなく中心の星に落ち込んだことでしょう。その結果、中心の星はいくばくか重元素の組成が高くなったはずです。ただし、それだけでは、現在観測されているような惑星を持つ星の重元素過剰を説明することはできず、やはり、生まれながらに重元素を多く含んだ星には惑星が生まれやすかった、と考えることもできます。このあたりが妥当な考え方のように感じられますが、宇宙には私たちの予期しないことがたくさん潜んでいるものです。今後の研究には、思いもしない展開が待っているかもしれません。

宇宙史のなかに生きる人類

私たちの身のまわりの多様な物質世界の基礎には、多様な元素の存在があります。本書を通じて紹介してきたように、重い元素は、ビッグバン以来の宇宙一四〇億年の歴史のなかで徐々に蓄積されてきたものです。

そのなかで、十分に重い元素を含んだ星間ガスから星が誕生するに至って、はじめて惑星がつくられるようになってきたのかもしれません。私たちの地球も、宇宙のなかでの物質進化の産物です。しかし、それは単に地球を構成する重い元素が宇宙の歴史に由来するというだけではなく、惑星が誕生するためには、ある一定以上の重元素の蓄積が必要だったのかもしれません。私たちの存在は、これまで考えられてきた以上に、宇宙の物質進化と深く結びついているのかもしれません。

惑星の形成と物質進化の関係についてはまだまだ研究が始まった段階ですが、宇宙のなかでの、私たちの地球の存在、宇宙の歴史のなかでの人類の存在、というものを強く感じさせます。

二〇世紀には、ビッグバンから始まる宇宙像と、物質進化の概念が確立された世紀でした。二一世紀の宇宙の研究からは、どんな発見があるのか、全く予想もつきません。しかし、地球外の生命の探査は重要なテーマとなるのはまちがいありません。宇宙のなかでの私たちの位置も、より明確に理解されることでしょう。

【コラム⑪】

隕石に刻まれた元素合成の歴史

宇宙における元素合成の歴史を調べる上で有力な研究の手段として、星の観測以外に、隕石に含まれる物質の分析があげられます。太陽系が生まれたときに、もとになったガス雲に含まれる塵（固体物質）はほぼすべて溶け、いったんは成分が均一化されたと考えられています。その後温度が下がると再び凝固し、微惑星が形成されます。大きくなった天体のなかでは、物質は熱変成などをうけ、組成も不均一になります。地球の場合もそうですが、天体の中心には解けた鉄が集まってきます。鉄の塊のような隕石（隕鉄）がみつかることがありますが、これは大きめの天体が他の天体との衝突で破壊された際に飛び散った中心部の物質とみられます。

一方、このような天体の形成・破壊を経ることなく、太陽系形成当時にできた塊《かたまり》が直接、隕石となる場合もあります。これらは太陽系形成当初の組成を調べる上で非常に重要です。実際、多くの元素の太陽系組成は、こういう隕石の詳細な分析によって決められています。

ところが、変成を受けていない隕石のなかには、太陽系全体とはかなり異なる同位体の組成を持つ粒子を含むものがあります。例えば、酸素には三つの同位体がありますが、^{17}Oや^{18}Oに対する^{16}Oの比が数パーセント高い粒子が存在しています。これは太陽系形成時に物質が完全に均一化されたのではないことを意味しており、太陽系形成以前に起こった超新星爆発の際に、^{16}Oを多めに含んだガスが凝固して、その粒子が太陽系形成の際にも溶けずに隕石中にとりこまれたものと考えられています。この解釈の背景には、^{16}Oは大質量星で大量に合成され、超新星爆発の際に放出されるという元素合成理論があります。このほかにも、超新星爆発の際にできたとみられるダイヤモンドの粒子がみつかることもありますし、小質量星の終末期に放出されたらしい粒子がみつかることもあります。これらを隕石のなかから上手に取り出して分類し、分析すると、星の観測からは調べることのできないほど精密に同位体の組成比を求めることが可能になります（ただし、その粒子がどういった星でつくられたものか、という点では推測が入ってしまいますが）。

さらに、太陽系初期に形成されたとみられる隕石のなかには、寿命の短い放射性同位体が存在した痕跡がみられることがあります。例えば、アルミニウムの同位体^{26}Alは、その寿命が七四万年ほどしかなく、形成から四五億年以上たっている現在の隕石中には全くみられません。しかし、これが壊変してできるマグネシウムの安定同位体^{26}Mgが他の同位体（^{24}Mgと^{25}Mg）に比べて異常に多い粒子が隕石中にみつかっています。こういった粒子を詳しく調べることによって、当初どのくらい^{26}Alが存在していたか見積もることができます。^{26}Alのような短寿命の同位体が、どうして初期の太陽系に存在しえたのでしょうか？　現在の解釈は、太陽系の誕生直前（数十万年前）に^{26}Alを合成する過程――それはやはり超新星爆発とみられます――が起こり、そこから放出された物質が太陽系のもとになったガス雲に取り込まれた、というものです。隕石の組成分析から、太陽系形成のイメージも描かれようとしています。

参考文献

物質と宇宙に関する解説書として、以下の文献を紹介しておきます。興味におうじて読まれることをお薦めします。

①「宇宙と地球の化学」増田彰正、中川直哉、田中剛著、一九九一年、大日本図書、日本化学会編「新化学ライブラリー」
地球や隕石などの太陽系天体の物質の歴史について、少し詳しく解説されています。

②「宇宙核物理学入門」谷畑勇夫著、二〇〇二年、講談社「ブルーバックスB-1378」
原子核の構造に関する最近の研究の進展をもとにした、宇宙における元素の合成についての解説書です。

③「元素111の新知識」桜井弘編、一九九七年、講談社「ブルーバックスB-1192」
個々の元素の発見の歴史、生命活動や日常生活での使われ方などが解説されています。

④「宇宙創造とダークマター」M・リオーダン、D・N・シュラム著、青木薫訳、一九九四年、吉岡書店

ビッグバン元素合成に関する基本的なことがらがわかりやすく書かれています。

⑤「近代科学を築いた人々（上・中）」長田好弘著、二〇〇三年、新日本出版社

上巻で原子と電子、中巻で元素の周期律を発見した人々とその時代背景が紹介されています。

⑥「コスモス・オデッセイ」L・M・クラウス著、はやしまさる訳、二〇〇三年、紀伊国屋書店

酸素原子を主人公に、ビッグバンから地球、未来宇宙までの物質の歴史が語られます。

⑦「理科年表」国立天文台編、毎年刊行、丸善

天文、物理などの各種データが収録されています。

⑧「世界最大の望遠鏡『すばる』」安藤裕康著、一九九八年、平凡社

望遠鏡のしくみと日本のすばる望遠鏡について紹介されています。

⑨「宇宙スペクトル博物館・天空からの虹色の便り」粟野諭美他著、二〇〇一年、裳華房

CD-ROMに収録されたデータで、身のまわりのものから天体まで、スペクトルについてやさしく説明されています。

青木　和光（あおき　わこう）

1971年生まれ。
1994年　東京大学理学部卒業。
1999年　東京大学大学院修了、博士（理学）
現在、国立天文台助手。
専攻は恒星物理学・天体分光学。

物質《ぶっしつ》の宇宙史《うちゅうし》——ビッグバンから太陽系《たいようけい》まで

2004年 3 月10日　初　版

著　者　青木和光
発行者　小桜　勲

郵便番号　151-0051 東京都渋谷区千駄ヶ谷 4 —25— 6
発行所　株式会社　新日本出版社
電話　03（3423）8402（営業）
03（3423）9323（編集）
振替番号 00130-0-13681
印刷　亨有堂印刷所　　製本　光陽メディア

落丁・乱丁がありましたらおとりかえいたします。

ISBN4-406-03068-9 C0044　Printed in Japan

表

	11	12	13	14	15	16	17	18
								2 He ヘリウム
			5 B ホウ素	6 C 炭素	7 N 窒素	8 O 酸素	9 F フッ素	10 Ne ネオン
			13 Al アルミニウム	14 Si ケイ素	15 P リン	16 S 硫黄	17 Cl 塩素	18 Ar アルゴン
i ル	29 Cu 銅	30 Zn 亜鉛	31 Ga ガリウム	32 Ge ゲルマニウム	33 As ヒ素	34 Se セレン	35 Br 臭素	36 Kr クリプトン
d ウム	47 Ag 銀	48 Cd カドミウム	49 In インジウム	50 Sn スズ	51 Sb アンチモン	52 Te テルル	53 I ヨウ素	54 Xe キセノン
t チナ	79 Au 金	80 Hg 水銀	81 Tl タリウム	82 Pb 鉛	83 Bi ビスマス	84 Po ポロニウム	85 At アスタチン	86 Rn ラドン
0 s チウム	111 Uuu ウンウンウニウム	112 Uub ウンウンビウム		114 Uug ウンウンクワジウム		116 Uuh ウンウンヘキシウム		

b ウム	66 Dy ジスプロシウム	67 Ho ホルミウム	68 Er エルビウム	69 Tm ツリウム	70 Yb イッテルビウム	71 Lu ルテチウム
k リウム	98 Cf カリホルニウム	99 Es アインスタイニウム	100 Fm フェルミウム	101 Md メンデレビウム	102 No ノーベリウム	103 Lr ローレンシウム